# 原子力発電所の
# オンラインメンテナンスと
# リスク管理

日本機械学会　編
より高い安全を目指した最適な原子力規制に関する研究会　著

# ま え が き

　2011年3月11日の福島第一原子力発電所の事故を受けて、日本政府は、国際原子力機構（International Atomic Energy Agency。以下、「IAEA」という。）に対して、報告書[1]を提出した。この報告書には、事故の要因の一つとして、講じていたシビアアクシデントの各防止策（津波対策、電源・冷却機能確保、アクシデントマネジメント対策等）に関するリスクを十分に考慮する体制ができていなかったことが挙げられている。また、今後の改善の方向性として、リスクを考慮した安全確保の取り組みの重要性を指摘している。その後、様々な事故調査報告書が発行されたが、安全確保のために、リスクを考慮する活動を推進する事の重要性が同様に指摘されている。これらを受けて、原子力規制当局や事業者においては、リスクを考慮した活動を推進しようと努力している。しかし、残念ながら、我が国においては、まだまだリスクの活用は、世界標準からは遥かに遅れている。

　米国などで、原子力発電所の安全性が向上しているのは、リスクを用いた安全確保活動が、現場を中心に進められるようになってきたからである。現場の作業員レベルで、リスクを活用する事が、発電所の安全性に必須であるが、現場にリスクを浸透させることは容易ではない。リスクは目に見えないものであり、リスク管理として指標をただ示しただけでは、それが発電所の状態として直接認知できないため、安全確保活動に直接リンクしない。過去の経験をベースにマニュアルを解釈して活動するほうが、まだまだ現場レベルでの信頼性は高く、リスクの導入が思うように進んでいない。

---

1　原子力災害対策本部（2011）、"原子力安全に関するIAEA閣僚会議に対する日本国政府の報告書－東京電力福島原子力発電所の事故について－"、内閣官房ホームページ、https://www.kantei.go.jp/jp/topics/2011/iaea_houkokusho.html（2023年7月28日参照）

　このような現状を打破するための特効薬が、本書で取り上げるオンラインメンテナンス（運転中保全、Online maintenance。以下、「OLM」という。）である。OLM を原子力発電所に導入するためには、国から原子力発電所の現場に至るまで、全ての関連する人々が、リスクを考えて行動することが必須となる。本書はこの "行動" を含めたリスク管理の考え方の指針を示すことを目的としている。OLM を契機として、現場がリスクを前向きにとらえる事が、発電所の安全性を大きく向上させる。下請けの作業員を含めた、現場の全員がリスクを積極的に考え行動する事が OLM の実現には必須であり、その事が発電所の安全性向上に大きく寄与するのである。

　原子力の安全性を維持向上していくのは、設備や品質保証だけでは不十分である。原子力にかかわる全ての人間の強い意志が必要である。そのためには、定量的なリスクという明確で実績のある指標を導入し、全員が一丸となってリスク低減にまい進する事が必須である。OLM は、全員の意識向上ツールである。ツールをうまく活用し、原子力発電所の安全性向上という目的にまい進する事が望まれる。

主査　岡本孝司

# 目　次

## 1. はじめに

　2020 年 4 月より米国の原子炉監視プロセス（Reactor Oversight Process。以下、「ROP」という。）を参考とした原子力規制検査が本格運用となった。この制度は日本の規制活動にリスク情報が活用されるものであり、事業者としても自主的な安全性向上の取り組みの中でリスク情報を活用することの重要性が増すこととなる。福島第一原子力発電所事故の反省として新規制基準が制定され、再稼働に向けて多くの追加安全設備（重大事故等対処設備（以下、「SA 設備」という。）・特定重大事故等対処施設（以下、「特重施設」という。）等）が要求されるようになった。他方、プラントの確率論的リスク評価（Probabilistic Risk Assessment。以下、「PRA」という。）技術は進展し、様々な事象に対するリスクを定量的に評価できるようになりつつある。設備増強による保守物量増大等の課題もあり、リスク情報を活用して安全性を確保しつつ、効果的な保守を実施することが重要である。

　日本機械学会「リスク低減のための最適な原子力安全規制に関する研究会　保守規則課題検討作業会」は、ROP 導入の基本的考えに則り、リスク情報を活用した効果的な設備の保全の在り方を提言するために、先ずは SA 設備の OLM 適用に向けた基本的な考え方を具体的なリスク評価を交えて検討[2]し、OLM 実施時に検討する待機除外によるリスクを低減するための措置（以下、「補償措置」という。）

---

2　リスク低減のための最適な原子力安全規制に関する研究会 保守規則課題検討作業会（2019）、"SA 設備のオンラインメンテナンスの考え方"、日本機械学会　動力エネルギーシステム部門、https://www.jsme.or.jp/pes/Research/A-TS08-11/R01/02.pdf

の内容及びその定性的なリスク評価方法を、事例と共にまとめた[3]。

　加えて、上記検討内容を基に、国内における設計基準対象施設（Design Basis 設備。以下、「DB 設備」という。）に対して OLM を実施するための基本的な考え方及び、DB 設備の OLM 実施時に検討する補償措置の内容及びその定性的なリスク評価方法を、事例と共にまとめた[4]。

　また、特重施設の保全に関しては、日本機械学会「原子力の安全規制の最適化に関する研究会」にて、海外事例の現地調査などを通じて、特重施設の位置づけ及び保全の在り方を整理・検討した。特重施設は原子炉格納容器の破損を防止するための機能（以下、「セーフティ機能」という。）と、原子炉建屋への故意による大型航空機の衝突その他のテロリズムに対する機能（以下、「セキュリティ機能」という。）を担うものとされており、その性質を踏まえた保全の基本的な考え方を「特重施設の保全の在り方について」[5]にまとめた。本書はこれらの検討の成果を取りまとめたものである。

　なお、本文内に単に OLM と記載するときは、信頼性重視保全に基づく保全計画によって計画的（劣化の兆候が発見された場合等も含む）に運転中に設備を一時的に待機除外して保全作業を実行する

3　リスク低減のための最適な原子力安全規制に関する研究会 保守規則課題検討作業会（2020）、" 重大事故等対処設備の運転中保全実施時における補償措置検討ガイダンス "、日本機械学会　動力エネルギーシステム部門、https://www.jsme.or.jp/pes/Research/A-TS08-11/R02/02-1.pdf
4　リスク低減のための最適な原子力安全規制に関する研究会 保守規則課題検討作業会（2022）、" 設計基準対象施設の運転中保全実施時における補償措置検討ガイダンス "、日本機械学会　動力エネルギーシステム部門、https://www.jsme.or.jp/pes/Research/A-TS08-11/R03/s2-1.pdf
5　原子力の安全規制の最適化に関する研究会（2018）、" 特重施設の保全の在り方について "、日本機械学会　動力エネルギーシステム部門、https://www.jsme.or.jp/pes/Research/A-TS08-08/8.pdf

ことを指すものとする。

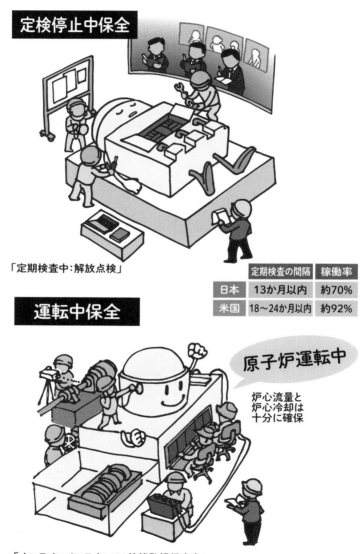

定検停止中保全

「定期検査中：解放点検」

運転中保全

原子炉運転中

炉心流量と
炉心冷却は
十分に確保

|  | 定期検査の間隔 | 稼働率 |
|---|---|---|
| 日本 | 13か月以内 | 約70% |
| 米国 | 18〜24か月以内 | 約92% |

「オンラインメンテナンス：状態監視保全中」

# 2. OLM による原子力発電所の安全性向上について

## 2.1 原子力発電所の安全について

### 2.1.1 原子力発電所の安全の定義

　OLM による原子力発電所の安全性向上を考える前に、原子力発電所の安全の定義について確認する。IAEA の Safety Fundamentals[6] において安全目的は下記となっている。

　「基本安全目的は、人及び環境を電離放射線の有害な影響から防護する事である」

　"The fundamental safety objective is to protect people and the environment from harmful effects of ionizing radiation."

　是非、英語の本文をしっかりと吟味していただき、environment に the がついている意味や、harmful effects と複数形になっている事を理解していただく事が重要と考えている。

　これを受けて、原子力規制委員会（Nuclear Regulation Authority。以下、「NRA」という。）では、原子力分野における安全目標として国際原子力機関が掲げる安全目標について、次のことを述べている[7]。

　「国際原子力機関（IAEA）の国際原子力安全諮問グループでは、原子力発電所の基本的安全原則を策定し、その中で総合原子力安全

---

6　IAEA (2006)、"Fundamental Safety Principles: Safety Fundamentals"、IAEA Safety Standards Series No. SF-1.

7　原子力規制委員会（2022）、"実用発電用原子炉に係る新規制基準の考え方について"、NREP-0002、pp.78-79、原子力規制委員会ホームページ、https://www.nra.go.jp/data/000155788.pdf（2023 年 7 月 28 日参照）

目標を
　・原子力発電所において、放射線ハザードに対しての効果的な放射
　　線防護策を確立、維持することにより、個人、社会及び環境を
　　守ること
としている。さらに、技術的安全目標として
　・原子力発電所内の事故を、高い信頼性を持って防ぐこと
　・発電所の設計段階で考慮される全ての事象に対し、また、発生確
　　率が極めて低い事故に対して、万が一放射線影響が生じる場合
　　は、それが重大なものではないことを確かめること
　・深刻な放射線影響を伴うようなシビアアクシデントの可能性は極
　　めて小さいことを確認すること
を掲げる」

## 2.1.2 リスクの概念

　上記の安全目標の考え方は、原子力発電所において、放射線影響
が生じうる事故が起きる事を想定しつつも、その影響が十分に小さ
いことが、高い信頼性をもって確保されることを証明する事を要求
しており、このためにリスクの概念が用いられる。
　原子力発電所のリスクを考える上では、40年以上にわたり世界中
で活用されているPRAを考慮する事が極めて重要となる。PRAに
よって、例えば炉心損傷頻度（Core Damage Frequency。以下、
「CDF」という。）というリスクを定量的に評価することが可能とな
るが、PRAの不確かさを考慮しつつCDFなどのリスクの定量的指
標を活用することが、原子力発電所の安全性を向上するための活動
となる。
　米国においては、1980年代後半に策定されたメンテナンスルー
ル（保守規則）において、リスク低減の考え方が示され、CDFなど

を活用した定量的リスク評価により、安全性向上活動が進められて
きた。その結果として、米国の原子力発電所においては、高リスク
に分類される設備故障や計画外停止などの事象の発生が極めて低減
(もちろん、低リスクに分類される事象も低減) し、原子力発電所の
安全性を高くすることに成功している。この安全性の向上が、90%
以上の設備利用率の達成につながっている。更には、安全性を確保
したうえでの原子炉出力向上などが推進され、当初より電力供給が
20% 程度増大するとともに、80 年運転のための許認可なども進め
られている。

　このように、PRA などのリスク情報を適切に活用しつつ、原子力
発電所の安全性を向上する活動は、40 年以上にわたって世界中で推
進されている。一方で、日本国内においては、原子力規制検査の本
格運用開始に伴って、規制検査活動にリスク情報が導入されたもの
の、安全審査等へのリスク情報の活用は極めて限定的であり、世界
の原子力発電所よりも、安全性において優れているとは言いがたい。
原子力規制は世界一厳しいかもしれないが、原子力安全に関しては、
改善の余地がある。その主要因は、PRA をはじめとした様々なリス
ク指標を使わないことにある。

　リスク管理とは、原子力発電所の安全性に影響を与える大小の様々
な不確定要素を理解し、それらを影響のない範囲に制御可能な状態
にすることである。リスク管理の目的は、この制御可能な状態を維持・
改善することで原子力発電所の安全性を向上することである。ここ
で、定量的リスク評価を始めとしたリスク指標は、安全性の向上と
して目標とする値であり、発電所の現在のリスクとの差を明確にす
るためのものである。そして、リスク指標を使うということは、上
記のリスクの差に基づき安全確保の活動のスタート地点及びその内
容 (検査含む) を決めることである。リスク指標との差から決めた

活動内容を実行又は検査することであって、活動の結果（検査の結果）のみを値として色分け分類するために用いるものではない。

　発電所の運営（安全確保の活動）にリスク指標を使わないのであれば、リスク情報の活用は極めて限定的となってしまう。結果、原子力規制が発電所の運営に対してリスク情報をほとんど考慮していないため、原子力発電所の現場では、リスク情報が重要視されておらず、リスク低減に寄与しない活動も実施されている。発電所の安全ではなく、マニュアルもしくはルールの解釈を守ることが優先されることもある。原子力発電所の現場で運用されるマニュアルやルールにおいてもリスク情報を取り入れた運用に変えていくべきである。

　以上を鑑み、早急に、世界標準であるリスクを物差しとして、原子力発電所の活動を進める方向に改善しなくてはならない。これには、海外のように、現場がリスクを理解し、現場が率先してリスク低減活動を主導する事が必要である。残念ながら、現状は、事業者も規制も、リスクを現場が活用できるようにすることの重要性を全く理解していない。現場で保安活動を進めている、事業者や規制の人々こそ、リスクを正しく理解しなくてはならない。

　ここに、OLM を行う事によって、設備信頼性を高めるだけではなく、組織及び人的なリスクを大きく低減するメリットが存在する。なぜなら、リスクを理解しなくては OLM を実施する事は不可能であり、リスク情報を活用して OLM を実施することによって、現場の事業者及び現場の規制者の、安全に対する経験や知識が大きく改善するのである。つまり、リスク情報を理解し活用することで、原子力発電所の安全を世界標準に近づけることが可能となり、これは原子力基本法第 2 条 [8] の精神にも大きく合致するものである。

---

8　"原子力基本法　第二条（基本方針）"、e-Gov 法令検索、https://elaws.e-gov.go.jp/document?lawid=330AC1000000186（2023 年 7 月 28 日参照）

【参考】（基本方針）
　　第二条　原子力利用は、平和の目的に限り、安全の確保を旨として、民主的な運営の下に、自主的にこれを行うものとし、その成果を公開し、進んで国際協力に資するものとする。
　　　2　前項の安全の確保については、確立された国際的な基準を踏まえ、国民の生命、健康及び財産の保護、環境の保全並びに我が国の安全保障に資することを目的として、行うものとする。

## 2.1.3 設計段階の安全の考え方

　日本においては、決定論的な考え方をもとに規制が行われている。設計段階において、上記の安全目標を達成するため、実用発電用原子炉及びその附属施設の位置、構造及び設備の基準に関する規則（以下、「設置許可基準規則」という。）第 12 条第 1 項では、「安全施設[※1] は、その安全機能の重要度に応じて、安全機能が確保されたものでなければならない」と規定している。

　この安全機能の考え方について、「実用発電用原子炉に係る新規制基準の考え方について」では次の様にまとめられている[9]。

　「ここにいう「安全機能」とは、「発電用原子炉施設の安全性を確保するために必要な機能」であって、「その機能の喪失により発電用原子炉施設に運転時の異常な過渡変化又は設計基準事故が発生し、これにより公衆又は従事者に放射線障害を及ぼすおそれがある機能」

---

9　原子力規制委員会（2022）、"実用発電用原子炉に係る新規制基準の考え方について"、NREP-0002、pp.104-105、原子力規制委員会ホームページ、https://www.nra.go.jp/data/000155788.pdf（2023 年 7 月 28 日参照）

---

※1 発電用原子炉施設のうち、運転時の異常な過渡変化又は設計基準事故の発生を防止し、又はこれらの拡大を防止するために必要となるもので、安全機能を有するもの。

（以下、「異常発生防止機能」という。）及び「発電用原子炉施設の運転時の異常な過渡変化又は設計基準事故の拡大を防止し、又は速やかにその事故を収束させることにより、公衆又は従事者に及ぼすおそれがある放射線障害を防止し、及び放射性物質が発電用原子炉を設置する工場又は事業所外へ放出されることを抑制し、又は防止する機能」（以下、「異常影響緩和機能」という。）とされている（設置許可基準規則第2条第2項第5号）。

　異常発生防止機能を有する系統については、高度の信頼性を確保し、運転時の異常な過渡変化又は設計基準事故の発生を防止するものである。さらに、事故が発生した場合においても、事故を収束させるため、異常影響緩和機能を有する系統を要求している。

　異常影響緩和機能を有する系統については、機器として高度の信頼性を確保するのみならず、システム（系統）としての高度の信頼性を確保するために、以下に述べる「単一故障の仮定」を適用した場合においても機能できるよう、その系統に多重性又は多様性及び独立性を確保することを要求している。

　（中略）ここでいう「多重性」とは、同一の機能を有し、かつ、同一の構造、動作原理その他の性質を有する二以上の系統又は機器が同一の発電用原子炉施設に存在すること（設置許可基準規則第2条第2項第17号）、「多様性」とは、同一の機能を有する二以上の系統又は機器が、想定される環境条件及び運転状態において、これらの構造、動作原理その他の性質が異なることにより、共通要因（二以上の系統又は機器に同時に影響を及ぼすことによりその機能を失わせる要因をいう）又は従属要因（単一の原因によって系統又は機器に故障を発生させることとなる要因をいう）によって同時にその機能が損なわれないこと（同条項第18号）、「独立性」とは、二以上の系統又は機器が、想定される環境条件及び運転状態において、物理

的方法その他の方法によりそれぞれ互いに分離することにより、共通要因又は従属要因によって、同時にその機能が損なわれないことをいう（同条項第 19 号）」

このように、設置許可基準規則第 12 条は、安全施設に対し、安全確保のために必要な機能の重要性に応じて十分に高い信頼性を確保し、かつ、維持し得る設計であることを要求するとともに、重要度の特に高い安全機能を有する系統については、その構造、動作原理及び果たすべき安全機能の性質等を考慮して、多重性又は多様性及び独立性を備えた設計であること、また、その系統を構成する機器等の単一故障が発生し、かつ、外部電源が利用できない場合においても、その系統の安全機能が達成できる設計であることを要求することにより、複数の設備が同時に故障し安全機能が失われることがないよう設計することを求めている。

## 2.1.4 運転段階の安全の考え方

2.1.3 項の設計要求を満足するような運転管理を実現するため、系統を構成する機器等について、運転状態に対応した運転上の制限（Limiting Conditions for Operation。以下、「LCO」という。）、運転上の制限の確認の実施方法及び頻度（Surveillance Requirements。以下、「SR」という。）、LCO を満足しない場合に要求される措置（以下、「要求される措置」という。）並びに要求される措置の完了時間（Allowed Outage Time。以下、「AOT」という。）が保安規定に定められている。

なお、LCO、SR、要求される措置、AOT は、許可を受けたところによる安全解析の前提条件又はその他の設計条件を満足するように定められている。

LCO は、設備機器を常に稼働状態にすること、即ち設備の待機除

外の禁止は要求しておらず、原子力発電所の安全運転のために、設備が何らかの理由で LCO を逸脱したときに必要な運用方法を保安規定に定義している。

### 2.1.5 設置許可基準規則と保安規定による安全確保の考え方

　設置許可基準規則では、安全機能を有する設備に対し、安全確保のために必要な機能の重要性に応じて十分に高い信頼性を確保し、かつ、維持し得る設計であることを要求し、その運用は保安規定の LCO、SR、要求される措置、AOT で管理するとしており、原子力発電所の安全運転に必要な設計要求と運転管理を明確にすることで、日々の事業者の活動を十分な安全性が確保された状態で行う仕組みとなっている。

## 2.2. 規制要求と OLM との整合

### 2.2.1 原子力発電所の安全を最優先した運転とそのための OLM

　原子力発電所の DB 設備を正常に保ち、安全性を確保することにより事故やトラブルを未然に防止して原子力発電所による電力の安定供給を実現するためには、これまで述べた安全確保の考え方に沿って原子力発電所の設備機器を適切に保全していく必要がある。

　原子力発電所に設置されている DB 設備とそれを構成する系統機器は、その機能を正常に保つために、適切なリソース（人・時間・技術）を投入して、プラント運転中／停止中に関わらず、適切な時期とリスクが低い手法で保全され維持されている。欧米では実際に、リスクが低い適切な保全手法により、事故・トラブル・計画外停止を激減させ、さらに十分な安全性確保のもとにこれらの保全を OLM として実施し、適切なリソース配分が行えるようにするとともに、設備利用率の向上も達成している。

このためには、リスク情報を活用して、リスクを低く維持するために、同じ機能に属する機器に対する作業の重複を避けて計画的に保全活動として OLM を実施することが必要である。

## 2.2.2 安全確保上の OLM の位置づけ

OLM は保全計画に基づき計画的（劣化の兆候が発見された場合等も含む）に運転中に設備を一時的に待機除外して保全作業を実行することだが、2.1 節の内容から設備の 1 系統の待機除外の状態は、AOT の範囲内であればリスクを一定の低いレベルで管理している状態、即ち十分な安全性が確保された状態を維持できる設計・運用であると考えることが合理的である。また、現行の保安規定では設備が 1 系統機能喪失する等の LCO を満足しなくなった場合や「LCO が設定されている設備等について、予防保全を目的とした保全作業をその機能が要求されている発電用原子炉の状態においてやむを得ず行う」場合には、その設備に対して予防保全として作業することが可能であるとしている。

このように、限定された作業内容についてのみ予防保全を目的とした作業を実施することが認められているが、上記の安全確保の考え方からすると計画的に設備の 1 系統を待機除外する OLM も原子力発電所の安全確保の範囲内での保全活動の一環として扱うことが適切である。

## 2.2.3 保安規定審査基準上の OLM の位置づけ

現行の保安規定審査基準[10] においては、「LCO が設定されている

---

10　原子力規制委員会（2019）、"実用発電用原子炉及びその附属施設における発電用原子炉施設保安規定の審査基準"、pp.3-4、原子力規制委員会ホームページ、https://www.nra.go.jp/data/000305076.pdf（2023 年 7 月 28 日参照）

設備等について、予防保全を目的とした保全作業をその機能が要求されている発電用原子炉の状態においてやむを得ず行う場合には、当該保全作業が限定され、原則としてAOT内に完了することとし、必要な安全措置を定め、PRA等を用いて措置の有効性を検証することが定められていること」が規定されており、これにより、計画的に当該設備を待機除外し、当該保全作業を行うことができるとされている。

なお、上記の予防保全を目的とした点検・保全作業とは以下のものであるとされている[11,12]。

① 法令に基づく保全作業

② 自プラント及び他プラントの事故・故障の再発防止対策の水平展開として実施する保全作業

③ 原子炉設置者が自主保安の一環として、定期的に行う保全作業

④ 消耗品等の交換にあたって、交換の目安に達したため実施する保全作業

これまで述べたように、規制要求上の安全確保の考え方では、運転中に設備を一時的に待機除外して保全するOLMは、原子力発電所の安全確保を前提とした保全活動である。

11　北海道電力株式会社、関西電力株式会社、四国電力株式会社、九州電力株式会社（2018）、"保安規定変更に係る基本方針（PWR）"「資料1-3　保安規定変更に係る基本方針」、pp.4.4-1〜4.4-4、第625回原子力発電所の新規制基準適合性に係る審査会合、https://www.da.nra.go.jp/view/NR100029671（2023年7月28日参照）

12　東北電力株式会社、東京電力ホールディングス株式会社、中部電力株式会社、北陸電力株式会社、中国電力株式会社、日本原子力発電株式会社、電源開発株式会社（2022）、"保安規定変更に係る基本方針（BWR）"「資料1-3：保安規定変更に係る基本方針（BWR）」、pp.4.4-1〜4.4-4、第1072回原子力発電所の新規制基準適合性に係る審査会合、https://www.da.nra.go.jp/view/NR100086047（2023年7月28日参照）

　これを踏まえて OLM の安全への効果を考えると、どのような保全方式であれ、適切な時期に計画的に保全作業を実施することで設備の信頼性、ひいては原子力発電所の安全性向上が期待できる。

　加えて、上記の①～④の制限を除いた、リスク情報に基づく計画的な OLM の実現により、作業の年間平準化、熟練作業員の年間確保等、限られたリソースを最大限活用可能となることで保全業務の品質の向上も期待でき、設備の信頼性の観点でも安全性向上が見込まれる。

　このように OLM は発電所の安全性をより向上させるための予防保全の方法であり、安全系の系統機器の信頼性を向上させる有効な手段である。

　一方で、計画的な待機除外による原子力発電所の安全状態を定量的に評価する手法が必要になるが、これについては PRA 技術が進展し様々な事象に対するリスクを定量的に評価できるようになりつつある。この PRA 評価と補償措置を実施することで、安全確保のための具体的なリスク管理の手法を整備することができる。

　以上より、現状の保安規定においては「予防保全を目的とした保全作業を実施する場合」の制約があるが、2.2 節の安全確保の考え方に則り、計画的な OLM を認めることが適切である。

## 2.3 OLM 実施による安全運転、安定運転への効果

　ここまで国内規制における OLM の考え方を整理したが、その結果、OLM は原子力発電所の安全性を十分確保したうえでの保全活動の一環であること、現行の規制では事業者自らの改善活動を制限する課題があることが分かった。

　次からは OLM を実現した時の原子力発電所の安全運転・安定運転に対する様々な効果を紹介する。

### 2.3.1 現場組織及び人員の安全意識向上

　OLM を実施するためには、発電所の現場における、事業者及び
規制者のリスクに関する知識と経験が十分に維持向上されているこ
とが前提となる。ルーチンワークではなく、あくまでも、運転中の
原子力発電所の状況に応じたリスクを定量的にとらえ、最適な対策
を施すことが、原子力発電所のリスクを低減し、安全性を向上する
ことにつながる。つまり、事業者も規制者も、現場において発電所
の状況を見ながら、OLM を計画し、準備し、実施し、改善を進める
という作業を、リスク情報を積極的に活用しながら進めることが必
須である。これには、現場の事業者及び規制者の安全意識を向上さ
せることが非常に重要である。これは、単なる安全文化にとどまら
ず、リスクを低減し続ける、つまり安全を向上させ続けることとなり、
設備信頼性にも極めて大きなメリットがある。

（1）リスク情報を活用したプラント運転の実現

　リスク情報を活用した原子力発電所の安全運転を実現するために
は、実際にリスク情報を運用・改善していく必要がある。そのため
には現場を含めたリスク情報の活用が必要であるが、計画的な OLM
を通して以下の具体的なリスク管理計画を繰り返し実行することで
現場にリスク管理の考え方が浸透し、結果安全運転の効果が得られ
るようになる。

  ・OLM 実施時の定量的なリスク管理による十分な安全裕度の確保
  ・補償措置による積極的なリスク低減計画
  ・リスクモニタの常態化により、常時リスクの認識・共有による関
　係者全員のリスク意識向上

(2) 規制者の安全に対する意識の向上

　安全規制の現場では、事業者とは独立の PRA を用いて、刻々変化する発電所の状況を理解し、リスクを考え続けることで、原子力発電所の安全を確保するための規制が実施できるようになる。このためには、規制者の現場と、本部におけるリスク専門家との協力が重要な視点である。

## 2.3.2 OLM による安全運転・電力の安定供給への効果

　OLM を実施することで、これまで定期点検（以下、「定検」という。）中に集中していた保全作業が運転中を含めた年間を通しての保全作業となり、定検時の作業リソースの逼迫が緩和され、1 年を通した負荷に平準化される。このため保全作業において以下に記載の項目が期待される。

・作業品質の向上（作業リソース、作業エリアの確保、作業環境の改善）

　　定検時の作業リソースの逼迫を OLM による負荷平準化により緩和することで、熟練作業者による業務効率向上、ヒューマンエラー低減等の作業品質が向上する。また年間を通しての保全計画により、常駐作業員の雇用増加や熟練工の育成へとつながり、その結果、作業員の能力向上が期待できる。また、これにより協力会社のサイト体制を安定して維持することとなり、安定運転の管理体制も構築できる。

　　併せて定検時の作業エリアの輻輳を回避することになり、十分なエリア確保による労働安全が期待できる。

▶管理区域へ入退域するのに際し、混雑が緩和され、作業時間に余裕を持ち易くなりヒューマンエラーの低減が期待できる。

▶休憩所の混雑が緩和され、作業員の労働環境が改善される。

▶作業エリアの確保、資機材搬出入の時間調整、クレーン等ユーティリティ設備の使用調整、系統隔離工程の調整等が容易となり、作業工程に余裕ができる。

▶開放機器の近傍での他件名の作業や通行量の減少により、異物混入等の不具合発生確率の減少が期待できる。

▶運転員の系統隔離・復旧操作の輻輳回避によるヒューマンエラーの低減が期待できる。

### 2.3.3 設備診断技術による保全最適化の推進

　設備機器の信頼性を向上させ、原子力発電所を安定して運転するためには最適なタイミングでの保全の実施が必要である。時間の経過に伴って、機械や装置の故障率が変化していく様子を表した故障率曲線を図2.1に示す。現在は時間計画保全として、運転経験データベースに基づき、適切な時期を点検周期として設備運用しているが、一部の機器では決められた周期で機械の劣化状態にかかわらず分解点検が行われている。

　設備診断技術を用いて機器の状態に基づき保全を実施する状態監視保全（以下、「CBM」という。）の推進により、初期故障リスクの大幅な低下という大きな効果がある。さらに、状態を監視することで、偶発故障の早期発見だけでなく、摩耗故障期の保全時期も適正化できる。摩耗による故障発生時期には個体差があるが、摩耗初期段階の状態変化を検知することにより、最適な保全時期の設定が可能となる。

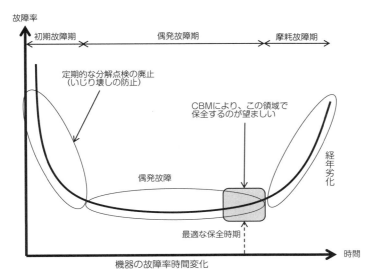

**図2.1　設備機器の故障率曲線**

## 2.3.4 原子力発電所の安全規制と長期運転の実現

　先に述べた OLM の効果である安全意識の向上、リスク情報の活用、作業品質の向上を実現するためには、設備の劣化兆候が見えてきた段階で作業員の確保など作業品質を維持した上で早期保全を図ること、劣化の程度に見合った適切な頻度での保全を実施することが可能となる安全規制が必要である。

　CBM、OLM を推進する安全規制は、設備故障率の低減による電力の安定供給に寄与するほか、環境保護や投資効率など、原子力発電所の長期運転（Long-Term Operation：LTO）による国民への利益還元を最大化する第一歩である [13]。

---

13　NEA (2021), "Long-Term Operation of Nuclear Power Plants and Decarbonisation Strategies", OECD Publishing, Paris, https://www.oecd-nea.org/jcms/pl_60310/long-term-operation-of-nuclear-power-plants-and-decarbonisation-strategies

# 3．OLM 実施時のリスク管理の考え方

　日本機械学会「リスク低減のための最適な原子力安全規制に関する研究会」では、原子力学会標準でのリスク指標による判定基準の考え方を参考に、SA 設備の OLM 適用に関する基本的な考え方を提言している。その中で① OLM の実施の可否と、② OLM を実施可能な期間と、2 つの指標で OLM のリスクを管理するとしており、下記にその要旨を記載する。また、リスクの増加量に関わらず補償措置の検討を行い、リスクが管理された OLM を実現することとしている。この考え方は、プラントのリスクを管理する基本的な考え方であり、OLM の対象が DB 設備になっても変わらないものである。

　なお、特重施設のセーフティ機能に対する OLM についても、セキュリティ機能に対する補償措置を実施した上で本ガイダンスを準用することができる。特重施設のセキュリティ機能に対する補償措置の詳細については 6 章が参考となる。

## 3.1 OLM の実施判定基準と補償措置
## 3.1.1 OLM の実施の可否
　OLM 実施時の系統構成におけるプラント安全性の判断指標として、瞬間の CDF（CDF of the Instant。以下、「$CDF_{inst}$[2]」という。）と、瞬間の格納容器機能喪失頻度（Containment Failure Frequency of the Instant。以下、「$CFF_{inst}$[3]」という。）を用いる。

---

※ 2 $CDF_{inst}$：ベースライン CDF ＋Δ CDF
※ 3 $CFF_{inst}$：ベースライン CFF＋Δ CFF
　　（ベースラインとは、プラント運転中は設備が常に使用可能と仮定したときのプラント状態のことを言う）

　OLM の実施可否は、OLM 実施時の系統構成が安全目標に適合しているかを評価するため、$CDF_{inst}$、$CFF_{inst}$ の指標を用いて、性能目標[※4]を参考に判断する。

　　性能目標（全リスク）CDF:$10^{-4}$／炉年、CFF:$10^{-5}$／炉年

・$CDF_{inst} > 10^{-4}$／炉年、$CFF_{inst} > 10^{-5}$／炉年のものは基本的に実施しない。
・ただし、$CDF_{inst}$、$CFF_{inst}$ の判定基準を超えるが、OLM が非常に短時間であり且つ OLM の実施によって運転サイクル期間全体のリスクを低減できる場合は、どのような事象がそのリスクレベルを引き起こすかを明確かつ具体的に理解し、十分な補償措置をとった上で、実施可能とする。

## 3.1.2 OLM を実施可能な期間
　OLM 実施期間中に累積されるリスクの増加量の判断指標として、OLM 実施期間中のリスク増加分の時間積分値を用いる。OLM の実施期間は、OLM 実施期間中に累積されるリスクの増加量で評価するため、CDF の増分（Incremental Core Damage Probability。以下、「ICDP」という。）と格納容器破損確率の増分（Incremental Containment Failure Probability。以下、「ICFP」という。）の指標を用いる。また、OLM 実施可能期間は、リスク評価から適切に定める。
　評価する代表的な外的事象としては地震、津波を考慮する。なお、

---

※4 性能目標は、「発電用軽水型原子炉施設の性能目標について（平成 18 年 3 月 28 日原子力安全委員会安全目標専門部会）」の性能目標案とする。

これら外的事象のリスクを PRA で評価するほか、OLM によるリスク増加が限定的であることを定性的な検討、又は定性的な検討と定量的な評価との組合せによって示してもよい。

- ● ICDP $> 10^{-5}$ or ICFP $> 10^{-6}$ の場合
    自主的に計画したその系統構成に移行するべきではないとして、OLM 対象範囲や実施期間を見直す必要がある。
- ● $10^{-6} \leqq$ ICDP $\leqq 10^{-5}$ or $10^{-7} \leqq$ ICFP $\leqq 10^{-6}$ の場合
    補償措置によるリスク低減を検討のうえ、定性的判断を含む統合的な判断の上、OLM を実施する。
- ● ICDP $< 10^{-6}$ and ICFP $< 10^{-7}$ の場合
    原則として補償措置によるリスク低減を検討のうえ、OLM を実施する。

なお、補償措置に利用する設備の概要を4章に、DB 設備の OLM 実施時の補償措置を定性的にリスク評価する時の具体的な検討ガイダンスを5章に示す。

リスク低減策として検討した補償措置の効果は、専門家パネル等、公平な会議体にて評価され、実効的な補償措置となっていることを確認する。

### 3.1.3 補償措置

補償措置は、計画された保守活動中にリスクを低減するためのリスク管理措置として設定される。補償措置には、計画された保守活動のために待機除外している設備と同様の機能を有する設備を待機状態とするハードウェアを利用した措置以外に、リスク管理を意識した原子力発電所の運営管理に関する幅広い対策が考えられる。具

体的な例が、日本原子力学会標準「原子力発電所の継続的な安全性
向上のためのリスク情報を活用した統合的意思決定に関する実施基
準：2019」（AESJ-SC-S012:2019）の附属書 Wd）「ALARA の概
念の適用の考え方」注記に記載されている。

　また、想定される外部ハザードの特性を踏まえ、多様性及び位置
的分散に配慮した補償措置を策定することが望ましい。

## 3.2 OLM 実施可否判定例
## 3.2.1 SA 設備の OLM 実施時のリスク試評価結果

　低圧代替注水系、空冷ディーゼル発電機（Diesel Generator。以
下、「DG」という。）の内的事象レベル 1 PRA 結果から、3.1 節で
述べたリスク指標による OLM 実施可否及び OLM 実施期間の確認結
果を表 3.1 に示す。

（1）評価条件
　　・下記対象設備について 30 日間 OLM を実施すると仮定し評価し
　　　ている。
　　・外的事象の地震、津波の評価については 3.3 節の考え方に則ると
　　　して、内的事象のみ（$CDF_{inst}$、ICDP）の評価としている。

（2）評価結果

表3.1　SA設備のOLM実施時リスクの概算値

| 対象設備 | 判定 | | | |
|---|---|---|---|---|
| | OLM実施可否 | | OLM実施期間 | |
| | $CDF_{inst}$ | OLM実施可否 | ICDP | 30日間のOLM実施可否 |
| 低圧代替注水（BWR） | $<10^{-4}$ | 可 | $<10^{-6}$ | 可 |
| 空冷DG（PWR） | $<10^{-4}$ | 可 | $<10^{-6}$ | 可 |

## 3.2.2 DB 設備の OLM 実施時のリスク試評価結果

　非常用 DG の内的事象レベル 1 PRA 評価結果から、3.1 節で述べたリスク指標による OLM 実施可否及び OLM 実施期間（10 日間）の確認結果を表 3.2、3.3 に示す。

　本検討は内的事象のみを対象としている。外的事象の考え方については、3.3 節に記載する。

（1）評価条件

・安全性向上評価届出書 PRA モデルを活用

・OLM 実施期間として保安規定記載の AOT を想定

・外的事象の地震、津波の評価については損傷の相関の扱い等課題があるため、内的事象のみ（$CDF_{inst}$、ICDP）の評価としている。

・BWR では 3 系統から 1 系統を待機除外した場合を想定

・PWR では 2 系統から 1 系統を待機除外した場合を想定

## (2) 評価結果

**表3.2　非常用DG(BWR)のOLM実施時リスクの概算値**

|  | 概算値 |
|---|---|
| ベースラインCDF（/炉年） | $< 10^{-5}$ |
| $CDF_{inst}$（/炉年） | $< 10^{-4}$ |
| $\triangle CDF$（/炉年） | $< 10^{-4}$ |
| ICDP | $< 10^{-6}$ |

●考察
　・原則として補償措置によるリスク低減を検討のうえ、OLM を実施する。
　・非常用 DG の $CDF_{inst}$ は OLM 実施の判定基準（$CDF_{inst} < 10^{-4}$）を満たす。
　・OLM 実施期間として保安規定の AOT 10 日間を想定しても ICDP は $10^{-6}$ 未満と小さく、OLM 実施の判定基準（ICDP $< 10^{-6}$）を満たす。

**表3.3　非常用DG(PWR)のOLM時リスクの概算値**

|  | 概算値 |
|---|---|
| ベースラインCDF（/炉年） | $< 10^{-5}$ |
| $CDF_{inst}$（/炉年） | $< 10^{-5}$ |
| $\triangle CDF$（/炉年） | $< 10^{-5}$ |
| ICDP | $< 10^{-7}$ |

●考察
　・原則として補償措置によるリスク低減を検討のうえ、OLM

を実施する。

・非常用 DG の $CDF_{inst}$ は OLM 実施の判定基準（$CDF_{inst} <$ $10^{-4}$）を満たす。

・OLM 実施期間として保安規定の AOT 10 日間を想定しても ICDP は $10^{-7}$ 未満と小さく、OLM 実施の判定基準（ICDP $< 10^{-6}$）を満たす。

## 3.3 OLM 実施時リスク評価での外的事象 PRA の炉心損傷頻度 への影響について

本研究会では、DB 設備及び SA 設備の OLM に対する外的事象の影響を PRA モデルによってリスク評価することを基本としている。評価する代表的な外的事象としては地震、津波を考慮する。なお、これら外的事象のリスクを PRA で評価するほか、OLM によるリスク増加が限定的であることを定性的な検討、又は定性的な検討と定量的な評価との組合せによって示してもよい。PRA の整備状況等によって定量的なリスク評価が困難な場合であっても、定性的なリスク評価が可能である例を以下に記載する。

・地震や津波といった外的事象特有のリスクとしては、地震による建屋・構築物の損傷や防潮堤を越える津波による敷地内浸水（海水ポンプ損傷、建屋内浸水）等、厳しい外部ハザード（高加速度地震及び高津波）がプラントへ広範に影響し、冗長性・独立性を有する設備が同時機能喪失となるシナリオが考えられる。この場合、OLM 実施の有無に関わらず厳しい外部ハザードによって複数の同類設備が同時に機能喪失することになるため、単一の DB 設備及び SA 設備の OLM による外的事象特有のリスクは、小さいと考えられる。なお、このような場合でも、単

3. OLM 実施時のリスク管理の考え方 ■ 33

一の DB 設備及び SA 設備の除外による影響を評価できる内的事象 PRA を用いた OLM への影響評価にもとづく補償措置の検討等を参考に、外部ハザードの特性を踏まえた多様性、位置的分散に配慮した補償措置を策定することが可能である。

・一方で、サイト条件やプラント設計によっては、低〜中程度の外部ハザードによってプラント設備の一部が喪失すること（低〜中程度のハザードのためプラント広範には影響しない）に加え、ハザードの影響を受けていないプラント設備のランダム故障が重畳するシナリオがリスクに寄与する場合もあり得る。この場合は、外的事象による影響よりもランダム故障による影響がリスクに対して支配的であるため、内的事象 PRA を用いた評価によって OLM への影響等を評価、検討することが可能である。

# 4．原子力発電所の OLM 実施時の補償措置の考え方

　本章は DB 設備を含めた原子力発電所内設備の OLM 実施時の補償措置として利用される設備[※5] の概要について説明している。SA設備等は、炉心損傷防止、格納容器破損防止の観点からリスク低減に寄与することができる。そのためリスク低減に高い効果を期待できることが確認された設備は、例えば DB 設備の OLM 実施時の補償措置として利用することができる。これは特重施設も同様で、その機能によっては補償措置として利用することが可能である。以下に例示の補償措置を参考として、設備の効果的[※6]な保全及び保全品質向上実現のために、積極的な OLM の実施が望ましい。なお、特重施設はセーフティ機能の補償措置に活用することができるが、特重施設のセキュリティ機能の維持についても検討が必要である。

　補償措置として利用される設備の考え方、設備の分類を 4.1 ～ 4.6節に示す。なお、OLM する場合に補償措置として利用される設備は、その設備を期待している他のシナリオ（以下、「期待シナリオ」という。）への対応能力が劣化せず[※7]に当該設備を補償措置として利用できる必要がある。

---

※5 OLM 実施時の補償措置として利用する場合、その利用の状況によっては保安規定の LCO に係る可能性もあるので注意すること。
※6 「効果的」とは、限られた保全リソースを最適・有効活用することを意味する。
※7 補償措置として利用される設備が待機除外となった時に、その設備（補償措置として利用される設備）の期待シナリオで増加するリスクを許容範囲内に維持できる設備数（N）を確保のうえで、余剰分（＋α）を補償措置として利用可能であることを意味する。また、上記設備数（N）から補償措置として利用する場合も、当該期待シナリオの再評価によってリスクを許容範囲内に維持できるのであれば利用可能であることを意味する。

## 4.1 DB 設備

　DB 設備は、運転時の異常な過渡変化又は設計基準事故の発生を防止し、又はこれらの拡大を防止するために必要となる設備である。

　サーベイランス等によって補償措置として利用される DB 設備が動作可能であることを確認することで、補償措置手段として利用できる。（現行保安規定の LCO 逸脱時の処置でも同様の確認を行っている）

## 4.2 常設 SA 設備

　常設 SA 設備は、重大事故に至るおそれがある事故（運転時の異常な過渡変化及び設計基準事故を除く）又は重大事故に対処するための機能を有する設備（SA 設備）のうち、常設のものである。

　常設 SA 設備を補償措置として利用することで、その設備を期待できない条件でも、期待シナリオでのリスクが許容範囲内に維持される場合は補償措置手段として利用できる。

　OLM 対象設備を待機除外することによる、OLM 実施中のリスク増大要因となりうる事故の想定シナリオ（以下、「想定シナリオ」という。）の有効性評価において、期待されていない常設 SA 設備は、その設備の期待シナリオへの対応能力が劣化しない場合に補償措置手段として利用できる。

## 4.3 可搬型 SA 設備

　可搬型 SA 設備は、SA 設備のうち可搬型のものである。可搬型 SA 設備としての冗長性を損なうことなく効果的な補償措置の手段として期待できる場合、可搬型 SA 設備を補償措置手段として利用できる。可搬型 SA 設備としての冗長性が劣化する場合、可搬型 SA 設備の稼働が期待できない条件でも、期待シナリオでのリスクが許

容範囲内に維持される場合は補償措置手段として利用できる。

## 4.4 多様性拡張設備（自主対策設備）

　多様性拡張設備（自主対策設備）は、技術基準上の全ての要求事項を満たすこと、もしくは全てのプラント状況において利用することがいずれも困難であるが、プラント状況によっては事故対応に有効なものである。

　多様性拡張設備（自主対策設備）を用いた有効性評価を実施した結果、補償措置として使用することが有益と判断される場合、補償措置手段として利用できる。

## 4.5 特重施設

　特重施設は、SA 設備のうち、故意による大型航空機の衝突その他のテロリズムによって炉心の著しい損傷が発生するおそれがある場合又は炉心の著しい損傷が発生した場合において、原子炉格納容器の破損による工場等外への放射性物質の異常な水準の放出を抑制するためのものである。

　特重施設としてのセキュリティ機能を確保した上で重大事故等への対処に利用できる（セーフティ機能として利用できる）場合は、SA 設備の補償措置として利用することが可能である。

　また、特重施設でもセキュリティ機能を満足し、リスクが許容範囲内に維持される場合は、4.1、4.2、4.3 節と同様の考え方で DB 設備の補償措置として利用することが可能である。なお、特重施設はセキュリティ施設であるため、補償措置として活用する場合はプラントのセキュリティ機能を損なわないための運用手順等を別途整備する必要がある。

## 4.6 その他可搬設備

　その他可搬設備は、現行の規制基準として規定されてはいないものの、海外での運用形態も踏まえ以下のような活用も考えられるものである。

a. 常時配置された可搬設備

　「4.3 可搬型 SA 設備」とは別に、設置時間を短縮するために常時配置されている可搬設備であり、事故対応の機能を期待されていないものの、プラント状況によっては事故対応に有効なものである。補償措置として使用することが有益と判断される場合、補償措置手段として利用できる。

b. サイト外可搬設備

　他サイト等からサイト内へ移送してくる設備であり、他サイトでその設備を期待できない条件でも、他サイトにおける期待シナリオのリスクが許容範囲内に維持される場合は、サイト内において補償措置手段として利用できる。

## 5．OLM 実施時の定性的リスク評価に基づく補償措置検討ガイダンス

　本章の内容は OLM 実施時のリスク管理の考え方として NEI 16-06 の第 5 章 [14] を基本としたものであり、原子力発電所の設備のうち 4.3 節に示した可搬型 SA 設備を OLM 実施時の補償措置として利用する場合の検討事項のガイドを示す。これらの検討事項を活用することで事業者は定性的リスク評価に必要な情報を構築できる。また、本検討で整理された情報は、より定量的なリスク評価の土台とすることもできる。4.1、4.2 及び 4.5 節に記載の設備を補償措置として利用する場合は、以降の可搬型 SA 設備をそれぞれの設備に読み替え、以下記載事項を参考に検討できる。

　なお、多様性拡張設備等の事故対応に有効な 4.4 及び 4.6 節の自主対策設備についても、想定シナリオ中で補償措置として利用することが期待される場合、設備に対する許認可上の要求事項の検討が必要となること以外については、4.1、4.2 及び 4.5 節に記載の設備と同等の検討事項とする。

　以下の検討事項を適切に評価する定性的リスク評価は、OLM 対象設備の機能を可搬型 SA 設備では完全に代替できないことを前提として、様々な想定シナリオに対する補償措置及びそれに関連する可搬型 SA 設備の有効性及び信頼性が維持されていることを確認することを目的とする。

　OLM 実施時の定性的リスク評価における検討事項の概要を図 5.1

---

14　NEI (2016), "Crediting Mitigating Strategies in Risk-Informed Decision Making", 5 QUALITATIVE ASSESSMENT, pp.7-17, Nuclear Energy Institute.

に示す。次項以降では、下記の各要素を評価するにあたり、どの情報を参照、評価及び検討するべきかについてのガイダンスを各節にて提示する。

## 5.1 有効性評価（初期判断）
・想定シナリオに対する補償措置における総合的有効性及び適用性評価
・可搬型 SA 設備の機能適用性、設備性能

## 5.2 設備の利用可能性と信頼性
・可搬型 SA 設備の利用可能性、信頼性、試験及び保守
・可搬型 SA 設備の運搬能力と配置

## 5.3 利用可能時間と時間的余裕
・時間裕度の妥当性

## 5.4 指揮統制
・手順及び書面による指示
・訓練、人員配置及び伝達

## 5.5 環境課題
・潜在的環境影響

　ここで提示する事例は、有効な補償措置の確立に必要な情報をどのように収集するかを示す。なお、補償措置の具体的な海外事例は「海外原子力発電所安全カタログ －脱炭素のための原子力規制改革－」を参照のこと。

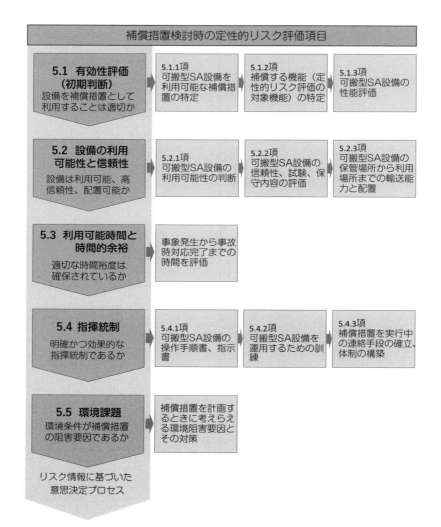

図5.1　OLM実施時の定性的リスク評価における検討事項[15]

---

15　NEI (2016), "Crediting Mitigating Strategies in Risk-Informed Decision Making" Figure 5-1, p.8, Nuclear Energy Institute.

## 5.1 有効性評価（初期判断）

　有効性評価（初期判断）の目的は、定性的リスク評価に必要な情報の収集と、想定シナリオに対する補償措置の成否に関する初期判断を実施する事である。この有効性評価（初期判断）の項目は以下となる。

- ・補償措置による事象緩和能力の信頼性向上が期待される事故とその想定シナリオの特定
- ・想定シナリオにおける重大事故発生防止の観点での成功を支援する補償措置の妥当性評価
- ・補償措置を成功裏に実施するために必要な可搬型 SA 設備の特定
- ・想定シナリオを特定した後、運転員又は緊急安全対策員が可搬型 SA 設備の操作を指示されるか否かの決定
- ・可搬型 SA 設備の容量及び接続先系統の状態を踏まえた可搬型 SA 設備の利用可能性の評価

　事業者は、有効性評価によって補償措置に必要となる検討事項を高水準で抽出し、更なるリスク評価が必要となるかを確認することができる。この有効性評価の結論に基づき、事業者は適切なリスク管理のレベルを決定する前に適用すべき重要な変更事項（例：可搬型 SA 設備の事前配置（ホースやケーブル等の事前の敷設を含む）、指示書の改定など）を特定できる。

### 5.1.1 補償措置の特定

　有効性評価の最初の検討事項は、可搬型 SA 設備が利用可能な事故の特定である（例：SBO、ヒートシンク喪失、インベントリ喪失）。補償措置評価の目的は、各事故の想定シナリオにおける可搬型 SA 設備の利用可否の決定であり、以下の項目が含まれる。

- ・想定シナリオの全体タイムラインにおける可搬型 SA 設備の配

置、設置が成功基準を満足するか否か。
・補償措置の実施と想定シナリオにおける成功基準を満足させる為
　に必要な常設設備を含む全ての設備の特定
・想定シナリオにおいて、運転員又は緊急安全対策要員が可搬型
　SA 設備の使用方法を熟知しているか否か。
・想定シナリオにおいて可搬型 SA 設備を使用するための文書化さ
　れた手順書があるか否か。
・可搬型 SA 設備の配置、設置のプロセスは、実証及び／又は検証
　済みか。

## 5.1.2 補償する機能の特定

　機能適用性を検討する目的は、定性的リスク評価において、補償
措置としてどの機能が検証される必要があるかを特定することであ
る。例えば、以下の機能による事象緩和が期待される事故は、可搬
型 SA 設備を利用した補償措置によってリスクが緩和される可能性
がある。
・計装設備と DC 電源機能を復旧する為の DC 電源、計装用交流
　電源供給機能
・炉心冷却機能
・格納容器減圧機能
・使用済燃料プール冷却機能
　可搬型 SA 設備を補償措置として利用する場合は、各事故の想定
シナリオにおいて可搬型 SA 設備が補償措置として有効に機能する
事を詳細に確認するべきである。

## 5.1.3 設備性能の評価

　可搬型 SA 設備が補償措置として必要な機能を担う事を確認する

際、想定シナリオの成功基準に照らして設備性能を評価する必要が
ある。最初のステップとして、補償措置に供する設備が想定シナリ
オの成功基準を満たす性能を有するか否かを判断する。この判断を
実施する為には、補償措置の対象とする系統が要求する性能条件と、
可搬型 SA 設備を含む手配した設備とそれらの設備に関連する性能
仕様の把握が必要となる。以下に検討事項の例を示す。

・ポンプ性能と容量（例：流量／圧力）

・配管ルート可能性と適用性（例：ホース／配管の容量と等級付け、
　適切な配管長、配管の接続、弁、環境条件）

・発電機性能（例：電圧）

・発電機ケーブル性能（例：等級付け、適切なケーブル長、ケーブ
　ルの接続、接地、環境条件）

・電気ブレーカーの性能

・空気圧縮機の性能

・燃料供給設備の性能（タンクローリー等）

　性能仕様の検討の次のステップとして、以下の事項を検討する必
要がある。

・補償措置の対象とした系統が要求する性能条件を、手配した可搬
　型 SA 設備の性能で満足するか否かを判断する為に、以下の項
　目を評価する。

　　▶性能条件は、ホース、配管、又は弁の接続といった構成機器
　　の設計性能にて満足されるか。

　　▶性能条件が手配した可搬型 SA 設備の性能の範囲外である場
　　合、その設備の使用を許容する基準（例：設計裕度）があるか。

・可搬型 SA 設備を系統へ組み込む為の配管接続箇所、配管ルート
　の特定

・系統要求事項の評価（例：弁の配置、背圧）

・水源の評価（例：タンクのレベル／容量、水質、ストレーナーの要否）

・可搬型 SA 設備の機能の検証に必要な計測制御設備の評価

　事業者は、技術基準に適合するよう可搬型 SA 設備を含めた発電所の設備を設計し、その性能を文書化している。定性的リスク評価において、可搬型 SA 設備が有する設備性能は図書化、又はサイトプログラム図書から引用できるようにする必要がある。その他の設備については、設備の使用が妥当であるか更なる評価が必要な場合がある。

## 5.2 設備の利用可能性と信頼性

　リスク情報に基づいた意思決定プロセスで、ある想定シナリオに対して適用可能とした補償措置にどの程度のリスク低減効果が期待できるかを判断するためには、可搬型 SA 設備の利用可能性と信頼性を考慮する必要がある。更に、可搬型 SA 設備を所定の位置に配置する能力は、定性的リスク評価の一部として考慮される必要がある。

### 5.2.1 設備の利用可能性の判断

　定性的リスク評価では、想定シナリオで求められる機能と可搬型 SA 設備の利用可能性を考慮する必要がある。また、可搬型 SA 設備を兼用する場合は、機能が競合することはないか確認する必要がある。例えば、補償措置として兼用する機能を満足するために可搬型 SA 設備を使用すると、その可搬型 SA 設備に本来要求される機能を満足できない場合がある。

　この場合は、予備の設備を補償措置のために使用することで機能の競合を回避することが可能である。可搬型 SA 設備の利用可能性を判断するうえでは、事業者が実践している既存の設備管理方法に

期待するか、又は、必要に応じて、補償措置として要求される機能に適合するような追加の管理方法を制定することができる。また、可搬型 SA 設備を事前配置することで利用可能性を確実にすることもできる。

　可搬型 SA 設備の接続口は規格が統一されており、そして複数の接続口が設置されている場合、一定レベルの融通性と多様性に期待できる。可搬型 SA 設備の補償措置としての利用可能性を議論する際には、このような融通性、多様性を適切に期待することもできるが、その場合、必要なときに可搬型 SA 設備と接続口が利用可能であることを実証する必要がある。

## 5.2.2 信頼性、試験及び保守内容の評価

　可搬型 SA 設備の適切な信頼性情報は、定性的リスク評価において評価及び議論されるべきである。以下の項目について、妥当な情報として評価するか、追加／補足でパフォーマンステストを要するか判断する必要がある。

　・メーカー試験及び信頼性情報
　・一般産業界情報及び運用経験
　・プラント固有の運用経験及び／又は試験及び保全プログラム

　可搬型 SA 設備は、保全計画を定めて管理しており、定期的なメンテナンスが実施されるため、信頼性が確保される。

## 5.2.3 利用場所までの運搬能力と配置

　可搬型 SA 設備を所定の位置に運搬する能力を含め、可搬型 SA 設備の配置位置と保管場所を考慮する必要がある。必要に応じて、事象発生の後に可搬型 SA 設備の運搬やガレキの除去などのために

サポート機器を使用することがある。また、想定シナリオに設定された タイムラインを満足するように可搬型 SA 設備の配置を確実にするために、可搬型 SA 設備を所定の保管場所から移動させた事前配置が必要になる場合がある。

## 5.3 利用可能時間と時間的余裕

　補償措置の定性的リスク評価においては、想定シナリオに対する必要な操作が完了するまでの時間的余裕を考慮することが重要である。このため、必要な操作が完了するまでのタイムラインを構築し、成功基準を満足する見通しが得られるよう適切な時間的余裕が確保されていることを実証する必要がある。複数の想定シナリオが評価されている場合、全想定シナリオを満足するタイムラインを用いる。

　なお、各作業時間及び事象発生から配置開始までの遅延時間は、現実的な時間とする必要がある。タイムラインを構成する個々の要素を下記及び図 5.2 に示す。


・事象発生
　　事象発生は、想定シナリオが開始となる事象が発生した時間である。(例:原子炉トリップ、外部電源喪失、タービントリップ、給水喪失等)


・事故時対応完了の限界点
　　事故時対応完了の限界点は、成功基準を満足する機能の回復又は維持のために事故時対応を完了(緩和機能が作動)しなければならないタイムラインの限界点(要求される制限時間)である。

・補償措置を利用した事故時対応の時間枠

　　補償措置を利用した事故時対応の時間枠は、事象発生から事
故時対応完了の限界点までの時間であり、補償措置の有効性を
評価するための全体の時間枠である。

・遅延時間

　　遅延時間は、事象発生時から、状況を分析・評価して可搬型
SA 設備の配置を開始するまでにかかる時間である。これには、
操作者が指示を受け取り、把握し、可搬型 SA 設備の配置を開
始するための必要事項を実行する時間が含まれる。

・配置時間

　　配置時間は、可搬型 SA 設備を完全に配置するために必要な
時間である。これには、保管エリアから可搬型 SA 設備を搬出し、
適切な場所に可搬型 SA 設備を運搬する時間に加えて、運搬ルー
トからガレキ等を取り除くために要する時間も含まれる。必要
に応じ、配置前に必要な実施項目をタイムラインに考慮する。

・系統接続時間

　　系統接続時間は、ホースや電源ケーブルなどを接続するため
に必要な時間である。

・実行時間

　　実行時間は、可搬型 SA 設備を起動し、緩和機能の回復又は
維持を開始するために必要な期間である。

・時間的余裕

　　時間的余裕は、事故時対応完了の限界点と実際に事故時対応を実行完了するまでの時間の差である。[16]

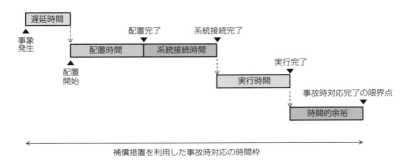

図5.2　事象発生から事故時対応が完了するまでのタイムライン構造[16]

　補償措置として利用する可搬型 SA 設備の運用にあたっては、時間に影響を与える項目を検証する必要がある。事業者は、可搬型 SA設備を補償措置として使用する場合は、実現可能で制限時間内に実行することができるタスク、作業員によるアクション及び判断を合理的に実行するため、検証プロセスを構築する必要がある。

　検証プロセスでは、パフォーマンスを形成する要因（特殊機器、複雑さ、合図と指示、特別な適合性に関する問題、環境要因とアクセス性、コミュニケーションと特別な考慮事項、手順、訓練、ストレス、人員配置、ヒューマンシステムインターフェイス）の定性的リスク評価を実施する必要がある。

　補償措置を適用する場合、サイト固有の検証用文書は、補償措置に必要な時間を検討するときに参照できるようにする必要がある。

---

16　NEI (2016), "Crediting Mitigating Strategies in Risk-Informed Decision Making" Figure 5-2, p.13, Nuclear Energy Institute.

別の補償措置、又は過去に評価されていない新しい想定シナリオでは、適切な時間的余裕を決定するために更なる評価が必要になる場合がある。

## 5.4 指揮統制

補償措置を利用した事故時対応の判断は、与えられた想定シナリオにおいて可搬型 SA 設備がいつ、どのように使用されるかに関する知見によって変わってくる。したがって、可搬型 SA 設備を用いた補償措置が効果的に機能するためには、関連する手順、文書化された指示、運転員又は緊急安全対策要員の訓練及び即応可能性がきわめて重要である。

### 5.4.1 操作手順書、指示書による指示

関係する手順を精査して、運転員又は緊急安全対策要員が機器を正しく使用するための明確な命令及び指示が与えられるようになっているか確認する必要がある。同じ可搬型 SA 設備であっても、想定シナリオの種類によって手順が異なる場合があることに留意する必要がある。可搬型 SA 設備については、プラントの手順書に全ての指示が盛り込まれないことがあり得るが、手順書と同レベルの指示書にて実施することも可能である。このような指示については、それが明示的に手順書と呼ばれるものでなくても、明瞭さや有効性に基づいて精査され、評価が行われ、認定される必要がある。

一般に指揮統制は事故時運転操作手順書に定められている。事故時運転操作手順書では、特定の条件と関連づけられた緩和機能に求められるステップを網羅するために、重大事故等対策のための手順の実行が命じられる。サイト固有の機器配置や手順構成を参照し、精査することによって、認定された補償措置を実施するための十分

な情報が、運転員又は緊急安全対策要員に与えられているか確認することが可能である。

　また、手順書や指示書とは別に、可搬型 SA 設備に操作がわかるプラカード等を直接掲載することで可搬型 SA 設備の操作者に対して適切な指示をすることも可能である。

　他の設備又は補償措置に関する書面での指示については、その妥当性を判断するために更なる評価が必要となる可能性がある。

## 5.4.2 運用するための訓練

　運転員又は緊急安全対策要員が、可搬型 SA 設備の性能、保管場所、配置及び作動させるために必要な措置についてどれだけ理解できているかを判断するため、訓練プログラムの評価を行う必要がある。

　可搬型 SA 設備に関しては、全ての訓練が認定されたプログラムの一部ではないことがあり得るが、同レベルの習熟度を達成するために他の訓練を実施することが可能である。訓練プログラム及び運転員又は緊急安全対策要員の訓練の質、有効性及び頻度を評価して、認定された補償措置を実施する人員の力量を把握する必要がある。

　例えば、事業者は重大事故等発生時における成立性の確認訓練（SAシーケンス訓練）を年 1 回以上実施することを法令上、要求されており、可搬型 SA 設備を使用するための力量が維持されている。事故対応及びその実施ガイドラインに関する適切なサイト人員を対象として初期訓練が行われ、更に継続的な訓練体制が確立されている。事故対応の実行を指揮する人員は、関連する業務、利用可能な作業支援、指示及び事故対応の時間的制約に習熟するために必要な訓練を受けている。

　他の補償措置に関する訓練は、妥当性について更に評価を必要とする場合もある。非常事態や、頻度の低いもの、又は複雑な進展を

する想定シナリオについては直前の訓練が必要となる場合もある。

### 5.4.3 連絡手段及び体制の構築

　補償措置を踏まえた事故時対応に必要な人員を配置できるかについては、それぞれの想定シナリオの内容を相互に考慮しながら検討する必要がある。複数の原子炉を設置しているサイトでは、想定シナリオが複数の原子炉に影響するか否かを考慮する必要がある。また、可搬型 SA 設備の事前配置又は人員追加（停止期間中の人員配置など）、補償措置の実施に必要となる通信設備の利用可能性についても検討する必要がある。

　可搬型 SA 設備使用の際には情報共有手段の検討が必要である。

### 5.5 環境課題

　可搬型 SA 設備の配置作業が環境状態によって妨げられないか評価する必要がある。その際、機器配置を妨げる環境状態に対応するための措置があればその特定も行う。

　一般に、こうした環境状態は想定シナリオの起因事象によってもたらされるものであり、ハザードに固有のものである。従ってこの評価を行うにあたり、ハザードごとにそれがもたらす環境状態を特定する必要がある。そうした環境状態の中には、建屋や構造物の損壊、可搬型 SA 設備の配置場所へのアクセスに障害となりうるガレキ等の発生が含まれる場合もある。可搬型 SA 設備の保管場所及び同機器を収容する建屋の状態が、同機器の利用を妨げる可能性があるかについても評価する必要がある。また、可搬型 SA 設備を所定の場所に配置するための経路についても、その状態が同機器の利用を妨げる可能性があるか評価する必要がある。さらに、代替経路の確保、可搬型 SA 設備の事前配置、ガレキ撤去など、可搬型 SA 設備の配

置の妨げとなる環境状態への取り得る対応策について、評価する必要がある。表 5.1 に、ハザードが可搬型 SA 設備の活用に対してどのような課題となりうるかについて、例を示す。

　起こり得る環境課題を解決するために取り得る措置の評価にあっては、各事故の想定シナリオにおける環境状態の下で補償措置が成功する見通しがあることを確認する必要がある。こうした環境状態とそれへの対応策は、時間的余裕の評価、指揮統制、運搬能力など、本章におけるその他の評価においても考慮する必要がある。

表5.1　外部ハザードの潜在的な課題

| ハザード | 潜在的な課題 |
| --- | --- |
| 内部火災 | ・可搬型SA設備の直接的な故障<br>・火災が可搬型SA設備の運搬経路の妨げとなり、可搬型SA設備の配置場所へのアクセスが制限されるか、遅れる可能性 |
| 内部溢水 | ・可搬型SA設備の直接的な故障<br>・浸水エリアが可搬型SA設備の運搬経路の妨げとなり、可搬型SA設備の配置場所へのアクセスが制限されるか、遅れる可能性 |
| 地震 | ・可搬型SA設備の直接的な故障<br>・可搬型SA設備を収容する建屋や構造物の損壊<br>・ガレキが可搬型SA設備の運搬経路の妨げとなり、可搬型SA設備の配置場所へのアクセスが制限されるか、遅れる可能性 |
| 津波又は外部溢水 | ・可搬型SA設備の直接的な故障<br>・可搬型SA設備を収容する建屋や構造物の損壊<br>・アクセスルートの浸水によって可搬型SA設備へのアクセスが妨げられる可能性<br>・ガレキが可搬型SA設備の運搬経路の妨げとなり、可搬型SA設備の配置場所へのアクセスが制限されるか、遅れる可能性 |
| 強風及びそれに伴う飛来物 | ・可搬型SA設備の直接的な故障<br>・可搬型SA設備を収容する建屋や構造物の損壊<br>・ガレキが可搬型SA設備の運搬経路の妨げとなり、可搬型SA設備の配置場所へのアクセスが制限されるか、遅れる可能性 |
| 極端な温度 | ・可搬型SA設備の直接的な故障<br>・作業場所の居住性、作業環境<br>・積雪や凍結によって可搬型SA設備の運搬経路が妨げられ、可搬型SA設備の配置場所へのアクセスが制限されるか、遅れる可能性 |

# 6. 特重施設の保全の在り方

　本章では、特重施設の保全の在り方についてガイドを示す。特重施設の保全の在り方の検討にあたって、6.1 節で特重施設の規制要求上の位置づけ、6.2 節で特重施設の保安規定の在り方、6.3 節で特重施設待機上の制限、制限逸脱時の許容時間、特重施設の復旧完了時間の考え方を整理したうえで、6.4 節以降に特重施設の保全の在り方等について示す。

## 6.1 特重施設の規制要求上の位置づけ

　特重施設は「故意による大型航空機の衝突その他のテロリズムにより炉心の著しい損傷が発生するおそれがある場合又は炉心の著しい損傷が発生した場合において、原子炉格納容器の破損による工場等外への放射性物質の異常な水準の放出を抑制する（設置許可基準規則第 2 条第 2 項第 12 号）」ことを目的としている。海外では発電所内を見渡せる監視塔の設置、周辺防護区域を囲うコンクリートブロック（高さ 1.5m ×奥行 3m 程度）、警備員全員が銃器を携帯するなど、テロの予防に注力している（できる）ことと比較すると、国内ではテロの影響を緩和する役割として特重施設が位置づけられていると考えられる。規制要求の点から特重施設の機能要求を整理すると、特重施設は SA 設備のセーフティ機能の一部と同等の能力を有するものの、本来はテロ対策の一環として格納容器の破損を防止するセキュリティ機能を担う施設と解釈される。ただし、同規則第 39 条第 1 項第 4 号において特重施設は基準地震動による地震力が作用することによる応力等が許容限界に相当する応力等に対して余裕を有することが求められている。また、同規則第 40 条において、特

重施設は基準津波による入力津波高さ、当該敷地の敷地高さ、特重施設の位置その他の条件を考慮したものであることが求められている。

## 6.2 特重施設の保安規定の在り方
### 6.2.1 管理運用について

　NRA の会合[17]にて特重施設の保安規定を定めるべき範囲のあり方について議論され、特重施設は大型航空機の衝突その他のテロリズムに対処するだけでなく、SA 時にも活用して事故制圧を図ることを前提に保安規定や下部規定[※8]を整備するように事業者に求めている。さらに、特重施設はその設置後には機能維持が必要であるとの観点から、SA 設備と同様に LCO 及び AOT を設定することを事業者に求めている。

　また、特重施設はセキュリティ機能の観点から重要な設備であり、特重施設の機能喪失が生じた際、その情報を公開するとテロリズムに対するプラントの脆弱性を公表することになるため、核物質防護（Physical Protection。以下、「PP」という。）に関する事案の取扱いを参考に、事後に公表することとなっている。

　一方、特重施設はセキュリティ機能としての位置づけなので特重施設の保安規定は一式まとめたものを独立して作成し、非公開とすべきであると考えることもできる。PP 規定の内容を踏まえ PP 設備に準じた情報に係る運用管理とする考え方である。セキュリティ機能を考慮し情報公開（プラント停止情報含む）につながるような措

---

17　原子力規制委員会（2019）、"特定重大事故等対処施設の設置に伴う保安規定変更認可における審査の進め方について（第 14 回原子力規制委員会資料（令和元年 6 月 26 日））"、原子力規制委員会ホームページ、https://www.da.nra.go.jp/view/NR100002348（2023 年 7 月 28 日参照）

---

※ 8 規定（ここでは保安規定）に定める行為内容を実施する手段を定めた（規定した）もの。QMS 文書体系における 2 次文書、3 次文書に該当する。

置は望ましくないとも考えられることから、以下ではこの管理運用
方針に基づいた特重施設の保安規定について概論する。

## 6.2.2 作成・記載方針について

　特重施設用の保安規定において、現状の保安規定の内容と共通す
る部分は極力呼び込むことで対応し、特重施設固有のものは別冊扱
い等新規に作成する（例として運転管理の条項）。

## 6.2.3 留意点

　特重施設を既設設備に繋ぎこむ場合、経路とバウンダリの考えに
よって、既設又は特重施設が DB 設備の機能とセキュリティ機能の
両方を要求される場合が想定される。（例えば、既設配管の格納容器
バウンダリ外側に特重施設配管を接続した場合、既設の隔離弁の作
動は特重施設の機能を果たすうえで必要になることから、DB 設備
の機能と特重施設のセキュリティ機能と、両方の機能を要求される。
別の例では特重施設配管を格納容器バウンダリに接続した場合、特
重施設配管上の最下流の弁は格納容器隔離弁の機能を要求されるこ
とから、上記と同様に DB 設備の機能とセキュリティ機能の両方を
要求されることになる）

・特重施設の機能要求のみが適用される場合
　　特重施設用の保安規定には、後述する特重施設待機上の制限
　（Limiting Condition for Security。以下、「LCS」という。）
　の逸脱、LCS 逸脱許容時間、特重施設の復旧完了時間を記載す
　る。これによって、セキュリティ機能の要求は、特重施設用の
　保安規定で一元的に管理される。
・特重施設と DB 設備の両方の機能要求が適用される場合

　特重施設用の保安規定には、セキュリティ機能の管理として、LCS 逸脱、LCS 逸脱許容時間、特重施設の復旧完了時間を記載する。一方、セーフティ機能の管理（LCO、AOT 等）は、現状の保安規定で規定されているためこれを呼び込むものとする。これによって、セキュリティ機能は特重施設用の保安規定、セーフティ機能は現状の保安規定で管理される。

　また、特重施設用の保安規定は上述した設備機器の運転管理と併せて、異常時の措置や緊急時の措置等の項目にセキュリティ機能の視点を取り入れ、現状の保安規定とのインタラクションを意識した防災体制や教育訓練等ソフトウェア面を記載すべきと考える。

## 6.3 LCS 逸脱、逸脱時に要求される措置とその許容時間、復旧完了時間の考え方等

以下の考え方は安全上の要求を満足していることを前提とする。

### 6.3.1 LCS 逸脱の考え方

　安全機能の思想から規定された現在の LCO の運用をそのまま特重施設の運用に適用すると、特重施設が不適合等によって LCS 逸脱したときに対外的に逸脱宣言することとなり、これはセキュリティ機能上望ましくない。よって、現行の LCO とは異なる LCS 逸脱の考え方を新たに設定する必要があると考える。また、LCS 逸脱はセーフティ機能ではなくセキュリティ機能上の問題であるので、逸脱時の措置の結果としてプラント停止することは情報統制上からも不適切であると考える。

## 6.3.2 LCS 逸脱時に要求される措置とその許容時間

　OLM 等、特重施設を計画的に待機除外する場合、待機除外による
セキュリティ機能レベルへの影響評価を行い、レベルの低下を補償
する手段を講じる必要があると考えられる。

　また、LCS 逸脱が発生した場合、セーフティ機能ではなくセキュ
リティ機能レベルの改善が必要であることから、プラントを停止す
るのではなく計画時と同様なセキュリティ機能レベルからの低下を
補償する手段を速やかに講じる必要がある（例えば可搬型 SA 設備
による待機等）。この時、可搬型 SA 設備の待機状態が確立できな
い場合は、警備の増強／警察・機動隊等への連絡や監視の増強等に
よるセキュリティ機能レベル改善措置も考えられる。また、LCS 逸
脱時には、その重要度に応じて NRA への報告も考慮する。なお、
LCS 逸脱許容時間は極力早期のセキュリティ機能レベル改善が望ま
しいことから「速やかに」と定義し、具体的な措置内容は、PP の思
想（PP の重要度の考え方を含む）やプラクティスに則り事業者個
別に設定するものであると考える。また、逸脱時への対応に備えて、
教育・訓練等の充実も必要と考える。

## 6.3.3 特重施設の復旧完了時間の考え方

　前述の通り、LCS 逸脱が許容される時間はセキュリティ機能レベ
ルの確保を可能な限り早急に達成する必要があるので、"速やかに"
と定義されるべきである。

　一方、故障や保全のために待機除外している特重施設を復旧完了
させるまでの時間を考える時、6.3.2 項の措置が完了した時点で一定
程度のセキュリティ機能レベルが確保・維持されていることになる
が、非常時体制でセキュリティ機能を維持し続けることはそもそも
あるべき姿ではないこと、また、事業者にとって負荷が高いことも

あり、早期に復旧完了し本来の特重施設待機状態に戻す必要がある
と考えられる。

　以上を踏まえ、現状の保安規定とこれまで述べてきた特重施設用
の保安規定の関係を表 6.1 に示す。

表6.1　現状及び特重施設用の保安規定の関係[9]

| | 現状の保安規定 | 特重施設用の保安規定 |
|---|---|---|
| 記載方針 | 従来と同様とする。 | 現状の保安規定と共通する内容は呼び込むことで対応し、特重施設固有の内容は特重施設用の保安規定で扱う。 |
| 公開の是非 | 原則公開とする（特重施設、保全区域図等に関する記載は非公開）。 | 非公開（PP規定に準じる）。 |
| 記載対象設備 | 安全機能を有する系統及び機器、重大事故（特重施設含む）としてLCO対象とした設備とする。 | 特重施設の機能を要求される設備とする（既設設備のうちで特重施設の機能を要求される設備を含む）。 |
| 記載事項例 | 安全機能の観点からLCO、LCOを満足しない場合に要求される措置、AOT等の管理項目を記載する（安全機能の管理）。 | セキュリティ機能の観点からLCS、LCSを満足しない場合に要求される措置、LCS逸脱許容時間、復旧完了時間等の管理項目を記載する（セキュリティ機能の管理）。 |
| 運用上の制限 | 従来と同様、原子炉の状態に応じてLCOが設けられる。 | 特重施設の待機状態について、例えばLCSを新たに設ける。 |
| 逸脱時に要求される措置 | 健全側機器の動作可能性確認、代替措置等の必要な措置を講じる。 | セキュリティ機能レベルの低下を補償するため可搬型SA設備の待機や警備の増強／警察・機動隊等への連絡等、ハード面に加えソフト面での措置をとる。 |
| 逸脱の宣言及びプラント停止の是非 | LCO逸脱の宣言及び、AOTの間に復旧できない場合においてはプラントを停止させる。 | セキュリティ機能上の観点から、LCS逸脱を宣言すること、及び逸脱時の措置の結果としてプラント停止することは情報統制上から不適切。ただし、重要度に応じてNRAへの報告を考慮する。 |
| 許容待機除外時間の考え方 | 運転経験に基づきAOTが設定されている。 | 極力早期のセキュリティ機能レベル改善が望ましいことから「速やかに」と定義する。 |
| 設備機器の復旧までの時間 | AOTの間に復旧できない場合は基本的にプラントを停止する。 | 早期に復旧完了し本来の特重施設待機状態に戻す。 |
| 留意点 | ・DB設備又はSA設備と特重施設の両方の要求が適用される設備については、安全機能又はセーフティ機能の管理は従来の保安規定に記載し、セキュリティ機能の管理は、特重施設用の保安規定に記載する。<br>・特重施設用の保安規定には、異常時の措置や緊急時の措置等の項目にセキュリティ機能の視点を取り入れ、現状の保安規定とのインタラクションを意識した防災体制や教育訓練等ソフトウェア面を記載すべきと考える。 | |

──────────────

※ 9 安全上の要求を満足していることを前提とする。

### 6.3.4 懸案

LCO の単語を用いると従来の LCO の考え方を強く引きずるため、LCS という表現としたが、この表現で良いかどうか議論が必要。

## 6.4 特重施設のバックアップ等（他の設備との関係等）を踏まえた保全の在り方

### 6.4.1 考え方

特重施設はセキュリティ機能を要求されているので、燃料がプラント内にある限り常時（24 時間 365 日）運転するものであり、作業員の出入りが激しい定検中はこのセキュリティ機能の重要度が必然的に上がる。よって、特重施設は定検中以外での保全が望ましく、セキュリティ機能を代替可能な手段を講じることで OLM を適用可能とする考え方もある。

規制要求の系統数 n を満足するために、待機除外にした時のセキュリティ機能レベルを維持すること、例えばセキュリティ機能に対応可能な可搬型 SA 設備や監視人員体制強化等によってセキュリティ機能レベルを補償することで OLM を許容するような、保全の自由度を上げることが望ましい。

### 6.4.2 懸案

設備設計の要求として、特重施設は基準地震動による地震力に対する余裕や津波に関する諸条件への考慮を要求されている。可搬型 SA 設備はセーフティ機能、セキュリティ機能のどちらも対応可能であり、要求 n を満足する条件で点検中の特重施設のバックアップとなりうるが、それらによって特重施設の OLM を実施する時、SA 設備の設計基準を超える一定程度の裕度内の地震・津波が発生した場

合の対応について考え方を整理しておく必要があると思われる。

　また、特重施設の OLM を実施するための作業要領や手順を整備すると共に、作業員の訓練等ソフトウェア面から見た保全の在り方も今後検討する必要があると考える。

## 6.5 特重施設の運用時の位置づけ
### 6.5.1 保全での活用の考え方
・特重施設で SA 設備の機能をバックアップする場合（例えば、特重施設をバックアップとして SA 設備を OLM する等）、規制要求上では炉心損傷防止機能を除いたセーフティ機能を特重施設でバックアップすることは可能である。この時、セキュリティ機能は常に"待機状態"であるため、セーフティ機能及びセキュリティ機能への規制要求を個別に満足すると考えることができる。

・SA 設備のセーフティ機能のバックアップ中にテロが発生した場合、セーフティ機能をバックアップしていた特重施設はそのままテロ対応へと自動的に移行（規制要求であるセキュリティ機能を発揮）することとなる。

　以上のことから、深層防護としての独立性を確保した上で、SA 設備のバックアップとしての活用が可能であると考えられる。


### 6.5.2 課題
・特重施設を実際に運用する時、特重施設を規制基準で示しているタイミング（大型航空機衝突その他テロ発生時）のみならず、SA 時にもプラント状況に応じて使用するため、様々な事象を想定した訓練等により対応力を強化していく必要がある。

・特重施設を SA 設備の機能のバックアップとして活用するとき、

　それぞれの情報管理レベルを考慮した管理運用を検討する必要
がある。

## 6.6 まとめ

　日本の特重施設は大型航空機衝突及びテロによる格納容器の破損
を防止することを目的としたセキュリティ機能及び一部 SA 設備の
バックアップを担う施設であり、セーフティ機能としての要求は基
本的に常設及び可搬型 SA 設備で満足するものである。ただし、特
重施設がリスク低減にどの程度寄与するかは今後議論していく必要
があると考える。

＜ SA 設備を特重施設でバックアップする時の考え方（例）＞

6.5 節の特重施設の運用時の位置づけを表 6.2 〜 6.5 に示す。

【各記号の定義】

○：機能要求を満足することが可能

△：待機除外中により、機能の一部を満足しない

－：機能要求なし

表6.2　通常運転時の規制の機能要求

| 規制要求 | | セーフティ機能 | セキュリティ機能 |
|---|---|---|---|
| SA 設備 | 常設 | ○ | － |
| | 可搬型 | ○ | ○ |
| 特重施設 | | － | ○ |

表6.3　SA設備を特重施設でバックアップする時（SA設備のOLMを実施等）

| 規制要求 | | セーフティ機能 | セキュリティ機能 |
|---|---|---|---|
| SA 設備 | 常設 | △ | － |
| | 可搬型 | ○ | ○ |
| 特重施設 | | ○※10 | ○ |

・セキュリティ機能は、SA 設備の可搬型と特重施設で要求ｎを満足する。

・セーフティ機能は、SA 設備の常設及び可搬型と特重施設で要求ｎを満足する。

・特重施設をセーフティ機能のバックアップとしても、セキュリ

---

※ 10 セーフティ上の機能の要求はないものの、炉心損傷防止機能を除き SA 設備と同等の機能を一部有する。

ティ機能は待機状態であるため同時にセキュリティ機能の要求を満足する。

**表6.4　SA設備を特重施設でバックアップ時にテロ発生**

| 規制要求 | | セーフティ機能 | セキュリティ機能 |
|---|---|---|---|
| SA<br>設備 | 常設 | — ※11 | — |
| | 可搬型 | — ※11 | ○ |
| 特重施設 | | — | ○ |

特重施設で SA 設備をバックアップ時にテロが発生（SA 設備の OLM 実施時にテロ発生等）しても、特重施設のセキュリティ機能は表 6.3 より待機状態であるため、そのままテロ対応機能へと自動的に移行する。

---

※ 11 設計上、セーフティ機能として要求を満足することは期待しない。

表6.5　設置許可基準規則での各設備への機能要求マトリクス

| 規制上要求される機能一覧 | 設計基準事故 | 炉心損傷防止 | 格納容器破損防止 | 使用済燃料貯蔵槽における燃料損傷防止 | 停止時の燃料損傷防止 | 地震 | 津波 | その他自然現象 | 内部火災 | 内部溢水 | 航空機衝突 | その他テロリズム | 大規模損壊 |
|---|---|---|---|---|---|---|---|---|---|---|---|---|---|
| DB設備 | ○ | − | − | − | − | ○ | ○ | ○ | ○ | ○ | − | − | − |
| SA設備 常設 | − | ○ | ○ | ○ | ○ | △※12 | △※12 | △※12 | △※12 | △※12 | − | − | − |
| SA設備 可搬型 | − | ○ | ○ | ○ | ○ | △※12 | △※12 | △※12 | △※12 | △※12 | ○ | ○ | ○ |
| 特重施設 | − | − | ○ | − | − | △※13 | △※14 | △※12 | △※12 | △※12 | ○ | ○ | − |

【各記号の定義】

○：機能要求あり

△：内的・外的事象発生中での機能要求なし（事象静定後は機能要求あり）

−：機能要求なし

※12 設備設計の要求として、設計基準と同じものを適用
※13 設備設計の要求として、基準地震動による地震力に対する余裕を要求
※14 設備設計の要求として、設計基準津波による津波高さ、当該敷地高さ、特重施設の位置その他の条件の考慮を要求

・PWR と BWR の各設備への機能要求を統合している。
・上記の整理より、特重施設はセキュリティ機能としての要求であると整理できる。なお、特重施設への設備設計の要求として、地震・津波に対しては、基準地震動による地震力に対する余裕及び設計基準津波による津波高さ、当該敷地の敷地高さ、特重施設の位置その他の条件の考慮が要求されている。

# 7．OLM の海外事例

　本章では、これまで述べてきた原子力発電所のオンラインメンテナンスとリスク管理について、海外での事例を規制側と発電所側とに分けて紹介する。なお、これらの事例は「海外原子力発電所安全カタログ－脱炭素のための原子力規制改革－」から抜粋 [18] したものであり、詳細はそちらを参照頂きたい。

## 7.1 規制当局の考え方
### 7.1.1 アメリカ合衆国原子力規制委員会本部（2006 年 7 月、2011 年 1 月）
　2006 年 7 月と 2011 年 1 月にアメリカ合衆国原子力規制委員会（Nuclear Regulatory Commission。以下、「NRC」という。）を訪問した際に OLM に関連した情報を収集した。

a. OLM に係る規制要件
- 保守規則 10CFR50.65 の（a）（4）項では、保守を行う前にリスク評価を行い、保守作業中のリスクを管理することを要求している。
- Tech. Spec. において、各運転状態における LCO や AOT について規定している。さらに LCO が満足されなかった場合の必要な対応について規定している。
- NUMARC 93-01「保守の有効性を管理するための産業界のガイドライン」の 11 章では、保守作業前に保守作業時のプラン

18　リスク低減のための最適な原子力安全規制に関する研究会（2023）、" 海外原子力発電所安全カタログ－脱炭素のための原子力規制改革－ "、pp182-219、日本機械学会

ト構成を考慮した条件付き炉心損傷確率の増分（Incremental Conditional Core Damage Probability。以下、「ICCDP」という。）が、$10^{-6}$以下の場合は通常の保守作業管理を実施し、ICCDP が $10^{-6}$ より大きな場合は必ず保守作業に対するリスクマネジメントアクションを確立しなければならない。またICCDP が $10^{-5}$ より大きいか又は $CDF_{inst}$ が $10^{-3}$ を超えるような計画を事前に立案してはいけないと記載されている。
・リスク評価では、保守作業に伴うプラント構成を考慮しなければならない。計画外の保守が必要になった場合、リスクを再計算してリスク評価をアップデートしなければならない。リスクが増加することが明白である場合、リスク評価のアップデートを行う前に是正処置を講じなければならない。すぐに是正できない場合には、まずプラントの安全を確保したうえで、リスクを再計算する。

b. 規制検査
・OLM では機器の故障でプラントのリスクが高くなる可能性があるので、NRC はこの点について監視し、事業者を検査している。
・規制検査は、検査手順書（Inspection Procedure。以下、「IP」という。）71111.13「保守リスクの評価及び緊急作業管理」に基づいて実施される。検査結果に基づく強制措置は、強制措置マニュアルの Section 8.1.11「保守規則に関する活動」に基づいて施行する。
・重要度決定プロセス（Significance Determination Process。以下、「SDP」という。）は、ROP のもとで、検査マニュアル・チャプター IMC0612、Appendix E「マイナー問題の例」のSection7「保守規則関連問題」や Appendix B「問題のスクリー

ニング」に基づいて実施される。検査による指摘事項が、マイナー以上であれば、IMC0609、Appendix K「保守リスク管理及びリスク管理 SDP」に基づいて SDP を実施する。

・事業者のリスク評価プロセスに重大な問題が見つかった場合は、IP62709「プラント構成のリスク評価及びリスク管理プロセス」に基づく特別検査を実施する。検査官は、現状のプラント構成とリスク評価において入力された情報が完全でかつ正確であるかを確認する。そうでない場合、リスク評価が過小評価であると判断し、NRC は SDP によりその重要度を決定する。

・（日本では AOT は救済措置であり、積極的に保守に使えない状況であるが、これに対して）NRC は AOT 内で OLM を行うことを認めている。

・リスク情報を活用して事業者が AOT の延長を求めてくることがあるが、NRC は補償措置をとるように求めていて、事業者は補償措置を NRC に誓約しなければならない。

・すべての保守の系統構成は OLM の前に確認されており、リスクによっては OLM が許されない場合もある。

c. OLM のリスク評価

　2011 年 1 月の NRC 訪問時の保守規則についての質疑応答で、OLM とそれに伴うリスクに関して NRC から以下の見解が示された。

・「OLM を行う場合、リスクは短期的に少し増えるが、全体的なリスクは減少する場合もある。しかし全体的なリスクを評価するのは難しい。日本では少しだけ上がるリスクを問題として全体としてリスクが下がることについてあまり目を向けていないという意見もある」が、アメリカではどうか質問したところ、「アメリカでは、機器の故障が結構あり、計画通り保全をするこ

との重要性が一般的に認識されている。従って機器をプラント運転中に待機除外して、きちんと保守することは安全性の維持のために問題ないと考えられている。一方、故障した場合には、なぜ故障が事前に分からなかったかという点で問題視されるだろう。」との回答であった。

・「日本でも既に AOT の時間内で保守を実施することは許されているが、意図的に機器を止めて保守を行うことは許されていない」という点については、「アメリカでも AOT は Tech. Spec. に記載されていて、保守作業は Tech. Spec. に適合していなくてはならない。この中に一つの機器が待機除外できる時間が書かれているが Tech. Spec. に適合していても保守規則に違反しているかもしれないので、両方見ることになる。OLM と停止時保全のいずれの場合も、同じ要件を遵守しなければならない。」との回答であった。

・「安全規制の基本として単一故障を仮定しても系統の安全機能が果たされるように、機器および特性における適切な多重性を有することとしている。一方、OLM では N+1 安全系の機器で故障等が発生していない状態で意図的に供用除外することになる。これらの認識の違いについてどのように理解しているのか」との問いに対しては、「AOT を守るという Tech. Spec. の要件と、これを補完する保守規則は別々のものであるが、共に遵守しなければならない。保守を行う際には、保守が及ぼす影響を評価し、それに伴うリスクの管理をしなければならない。AOT は、基本的な PRA 分析に基づいて策定されていて、リスクの観点からも受け入れられるものであるが、OLM の際も同じで、事業者が使う閾値は基本的な PRA の分析に基づいたもので、許容できる保守作業でなければならない。AOT が発電所によって異なる場合

があるのは、設計条件に起因すると思う。」との回答であった。

・OLMでプラント安全性を脅かすトラブルはあったかの問いに対して、短い答えとしてはyesである。運転中でも停止中でも、保守によって安全機能に影響を与え、リスクを上げることになりうる。

・機器の故障はあり得るが、どのような措置をとるのか、また、故障の前にどのようなリスク管理の措置がとられているのかが重要である。これまで機器が故障した場合でも、リスク管理が上手く行われてきており、それによって主要な機能がなくなったことはない。

・保守規則やTech. Spec. とは別に、リスク情報を活用したTech. Spec. イニシアティブがあり、事業者がケースバイケースでAOTを延長できる。その対象にはDGも入っており、条件が揃えばDGのAOTも延長できる。

・OLMのメリットとして、停止時に比べて十分な注意が払えるために実質的な安全性が向上するとの事業者からの指摘があるが、これは一般的に言えば正しいと思う。運転中の保守作業ではPRAリスクは少し上がるが、関係者がしっかり作業を管理している。一方、停止時には様々な作業が同時に実施され、多くの作業を管理しなければならない。それは2つのボールを同時に空中に投げてそれを落とさないようにしているようなものである。

・同じ系統内の複数系列に対して、普通はOLMを実施しない。リスクレベルが高すぎるカテゴリーに入る。3系列以上あればできるかもしれないが、2系列のものでは両方を待機除外できない。

・幾つかの系統において同時にOLMを行う場合は、事業者による。各系統にはそれぞれ異なるリスクがある。

## 7.1.2 フィンランド（放射線・原子力安全局、2006年1月）

　規制当局である放射線・原子力安全局（Säteilyturvakeskus。以下、「STUK」という。）訪問時に、フィンランドのOLMについて以下の説明があった。

- ・OLMについて、厳格な管理を行っており、PRAの結果だけが判断基準ではない。
- ・運転中に予防保全を実施してよい機器はTech. Spec.に定められていて、加えて、どのような予防保全を実施するかについても決められていて、STUKはこれを承認する。
- ・OLMを実施した結果については、常駐検査官が確認する。
- ・PRAは、Tech. Spec.の変更（OLMの最適化等）の評価に使われている。事業者とSTUKの両者で同じPRAモデルを使い解析を行っている。
- ・Olkiluoto発電所（ASEA-Atom社BWR）はN+2設計であり、OLMをよく実施しているが、Loviisa発電所（VVER／PWR）はN+1設計のためOLMの制限が多い。
- ・OLMを実施する系統は、使用済燃料プール冷却系、放射線モニタリング系、停止時冷却系及びその他の系統などである。
- ・実施時期、対象の決定の際にはPRAを活用している。

## 7.1.3 スウェーデン（原子力発電検査庁、2007年2月）

　2007年2月にスウェーデンの原子力発電検査庁（Statens Kärnkraftindpektion。以下、「SKI」という。）を訪問した際に、OLMに関連して以下の情報を得た。

- ・事故を含む異常事態が3段階に区分されていて、カテゴリー1は大きな事故、カテゴリー2は、Tech. Spec.のLCOの範囲のもの、カテゴリー3はLCOの範囲内での予防保全に該当する。

・カテゴリー 3 の OLM は、SKI が許可を与えた場合にだけ実施できる。その場合、追加のトレインが利用可能である必要がある。（N+2 設計を意味すると考えられる。）

### 7.1.4 ベルギー（規制当局（Bel-V）、2008 年 9 月）

　2008 年 9 月にベルギーの規制当局である Bel-V を訪問した際に、OLM について以下の情報を得た。

・ベルギーの原子力施設監督機関である Bel-V は、連邦原子力管理庁（Federal Agency for Nuclear Control。以下、「FANC」という。）の付託を受けた執行機関で、ベルギーの法令の枠組みにおいて原子力施設を監督している。

・設備の保全は、原則として、要求される状態（プラントの停止など）になっていないと、実施できないことになっている。OLM は例外として、安全面で影響がないことが証明されれば、届出により実施できる。

・そういった例外となる OLM の『設備リスト』が作成される。リストには、設備の種類、保全内容、使用不能となる期間、その間利用できなくなる機能が記載されており、Bel-V によって承認されなければならない。

・リストで予測されていなかった保全を運転中に実施しなければならない場合も、その申請はできるが、事業者側は発電所を停止しないで保全を行う必要性と安全には問題ないことを証明しなければならない。これは、年に数回しか発生していない。運転中に保全しても安全であることの判断は、PRA を活用した定量評価というより、技術者の経験による質的判断と Bel-V の工学的判断による。

## 7.1.5 イギリス（労働安全衛生委員会事務総局、2009 年 11 月）

2009 年 11 月にイギリスの規制機関である、労働安全衛生委員会事務総局（Health and Safety Executive。以下、「HSE」という。）、その中の原子力局（Nuclear Directorate。以下、「ND」という。）、そして ND 内の原子力施設検査官室（Nuclear Installation Inspectorate。以下、「NII」）を訪問した際に、Sizewell B 発電所（WH-PWR）の OLM に関して以下の説明があった。

・Sizewell B の特徴として、イギリスで開発されたガス冷却炉（Gas Cooled Reactor。以下、「GCR」という。）の設計会社 BDC 社は GCR の会社であったが、系統分離の考えがしっかりしていたので、それを Sizewell B 発電所の設計会社 WH 社の設計に展開することを要求した。

・1 つの原子炉に対して、4 ループ、2 つのタービン、4 トレイン、運転中には格納容器内にアクセスしないとの前提の設計である。

・アメリカの ASME Sec XI とほぼ同じであるが、供用期間中、供用期間外のサーベランスは、Tech. Spec. の中で規定している。

・安全上重要な系統、設備に係る OLM は、NII としてコントロールする。

・運転中における安全系の予防保全は、従来は認められていなかったが、4 トレイン設計の Sizewell B 発電所（PWR）の非常用電源系の安全ケース（設備や運転とその変更について検討した許認可文書）において、電源系にバックアップを設けることによりリスクの増分を最小限に抑えて、DG の OLM を可能とする Tech. Spec. の変更を認めた。

・規制当局は OLM により、リスクが上昇することがあると承知しているが、保全により、それ以上のリスクを回避することがで

きるとの考えで、安全ケースの作成を求めている。

・4トレインというのは、N+2であり、単一故障を想定した予備1、保全1である。安全系はN+2であるが、OLMをするためには、Tech. Spec.のAOT範囲内に作業を終えることを要求している。

## 7.1.6 スペイン（原子力安全委員会、2009年12月）

2009年12月にスペインの原子力安全委員会（Consejo de Seguridad Nuclear。以下、「CSN」という。）を訪問した際に、スペインのOLMについて以下の説明を受けた。

・スペインの保守に係るCSN規定はNRCの保守規則（10CFR50.65）と同じであり、これを補足する安全ガイド（G.S 1.18）はアメリカ産業界ガイダンスNUMARC 93-01をベースとして作成されている。

・OLMについて、AOTの範囲内であれば基本的にはCSNの許可は不要である。AOTを延長してのOLMはCSNの許可が必要となる。

・事業者はOLMの年間計画をCSNに提出している。これは、検査官が事前に対応できるようにするためである。

・OLMは、作業中の突発事象を考慮し、LCO（スペインではCLO）内で許可されたAOTの60%以内で計画されなければならないとしている。

・Cofrentes発電所（BWR-6）、Santa María de Garoña発電所（BWR-3）は単一設備系統のOLMを、Trillo発電所（KWU製PWR）は系統に冗長性があるため（N+2設計）複数設備系統のOLMを実施している。なお、WH社製PWRの発電所では現在、OLMは行っていない。それは事業者がLCO条件を満足することが難しいと見ているためである。

・駐在検査官は、発電所において保守規則の遵守に係る検査の責任を持つ。検査手順書は、NRCの検査手順書（IP-71111.13）をベースにしている。
・Trillo発電所からは非常用DGのAOTを延長する申請があり、規制当局はこれを承認した。これはN+2設計であることによるものである。

## 7.2 発電所の取組
### 7.2.1 Browns Ferry発電所（2006年7月）
a. OLM計画作成
・Browns Ferry発電所（BWR、TVA）ではOLMを原子力発電運転協会（Institute of Nuclear Power Operations。以下、「INPO」という。）のAP-928「作業管理プロセス」に即して実施している。
・OLMは、4半期毎（12週間）を1パッケージとする計画で管理している。これはサーベランス試験も同様である。
・OLMにおいてタグアウト（系統から分離）する範囲は、電気系統と計装系統は一つにグルーピングしていて、機能に基づく機器グループ（FEG）と呼んでいる。
・作業管理グループが毎日、新たに発生するワークオーダをレビューし、重要度に応じて優先順位を付ける。
・直ぐに実施できるものは、FIN（Fix It Now。以下、「FIN」という。）チームが実施する。3ユニットで15名から20名程度の規模であり、トラブル解決作業の役割が大きい。
・OLMの12週計画（T-12）は、以下の手順で実施する。
　▶実施8週間前に「スコープフローズン」と呼ぶ、タグアウト範囲及び作業者数等の確定を行う。

▶実施５週間前に機材等を確保し、ワークオーダ（W／O）計画を策定する。

▶実施４週間前に保修作業員が、現場、パーツ等を実際に見て、準備、確認を行う。

▶実施３週間前にプリマベラというソフトを使って、リスク評価を実施する。

▶実施２週間前にリスク計画を監督者が確認、承認し、計画を確定させる。

・Tech. Spec. で規制される作業は、リスク評価によって Tech. Spec. を変更することもある。例えば、残留熱除去（Residual Heat Removal。以下、「RHR」という。）冷却器に漏えいがあった時、OLM で作業するために Tech. Spec. の変更を NRC に認めてもらい、作業可能時間を変更、確保した事例がある（７日→ 14 日）。ただし、NRC は１回だけとの条件を付けたので、現在は７日に戻っている。DG についても同様に、CBM 対応ということで１回だけ OK となったことがある。

・実施１週間前にリスクの最終確認を行う。例えば、タグアウト範囲のバウンダリをアイスプラグで構成することもあり、その場合はアイスブロックが系統に流入した場合のリスク評価も実施する。

・NRC の駐在検査官は２名で、OLM 計画や実施状況について、時々見る程度である。

b. リスクの評価と管理

・リスク管理は、安全系のアンアベイラビリティ、保守規則、原子力エネルギー協会（Nuclear Energy Institute。以下、「NEI」という。）の安全指標、INPO のパフォーマンス指標により計測、

管理している。

・リスク評価は、1）決定論的、2）確率論的、3）送電の信頼性、4）裕度の低下（LCO 期間、複雑さ）、5）チャレンジミーティングの5種類を実施している。

・Browns Ferry 発電所2、3号機は、DG、RHR 系等を共用設備としているため、OLM を実施する場合、"BFN Dual Unit Maintenance" と言うマトリックス表により、同時に2系統を保守した場合のリスクを評価している。Tech. Spec. で規制されている系統、設備についても、リスク評価により、実施可能な組み合せと不可のものを規定している。

・リスクモニターのツールは ORAM-SENTINEL を使用している。

・外部コンサルタントは主に PRA モデルの変更時に作業を依頼する。

・PRA の専門家は発電所に2名、本社に1名いる。

## 7.2.2 Hatch 発電所（2006 年7月）

a. 概要

・Hatch 発電所（BWR、Southern Nuclear Company: SNC）では OLM を運転開始以来、安全系と非安全系の両方で、保守規則対象となるリスク上重要な機器でも実施している。年々、その範囲は拡大し、OLM プロセスも進化している。

・OLM 実施前に注意すべき点は、原子力安全リスク、職員の安全性、リソースの有効性（適任者、部品・材料・道具・機器）である。

・原子力安全リスクについては、規制要求事項である「AOT」、「LCO で取るべき措置」、「AOT を満足できないときの措置」について評価する。また、リスクモデルに基づいて全体的なプラントリスクを評価することとしている。

・Tech. Spec. に決められている AOT の半分で保守を行う。例えば 72 時間、36 時間以下。
・例えばブースターポンプは 1 つのユニットで 3 基あり 2 基作動すればよいので OLM ができるが、もう 1 つのユニットでは 2 基しかないので OLM ができない。
・人員の安全性については、作業者が作業中にエネルギー源から離れているか、また作業エリアの環境を考慮すること。加えて作業者の保護として遮へい、落下防止、防護服等を考慮することである。適切に隔離ができる場合に実施するが、高エネルギー配管がありリスクが高いと判断すれば線量や環境が不可となるので停止時に実施する。高線量エリア、高温エリアでの作業は、レビューした結果、作業を止めたものがある。
・リソースの有効性については、OLM の適任者が確保できているか、いなければ外部委託もしくはベンダーが確保できるか、部品、材料、道具と機器等、必要なものを確保することである。

b. OLM 計画策定
・OLM の計画、見直しの間隔は 12 週間のプロセスで実施する。
・計画外の保守作業の組み込みについては、フローチャートで判断する。機器のトラブルを発見した場合、運転上重要な場合は当直長が対応し、それ以外は、毎朝の会合（Equipment Review Committee：運転、保守エンジニアリング、系統エンジニアリング、化学、FIN、保守の代表の 6 人で構成され、月～金まで毎日開催）で優先順位等を判断する。21 日以内に対応が必要な場合は FIN チームで対応し、対応できないものは別に OLM スケジュールを立案する。
・計画外作業の優先順位は、レベル 1：即時、レベル 2：7 日以内、

　　レベル3：21日以内としている。これ以外の場合、正規の12
　　週間のスケジュールに組み込み、調査して必要な対応をとる。
・通常のOLMの人数はFINチームとは別に、機械40人、電気30人、
　　計装30〜35人である。
・FINチームは2ユニット共通で電気2人、I＆C2人、機械2人。
　　シフト勤務で年中無休である。FINチームの6名は12時間で交
　　代し、5チームで日直、夜勤、休日、訓練をする。
・OLMは、INPOで認定された所内訓練プログラムのコースを受
　　講した者が行う。それぞれの分野でトレーナがいるので1年間
　　で3〜4週間の訓練を受講し資格取得する。

## 7.2.3 South Texas Project 発電所（2010年1月）

　2010年1月、South Texas Project発電所（以下、「STP」という。）
（WH社PWR、2基）を訪問し、OLMについて詳細な情報を調査した。
以下にその概要をまとめる。
a. OLMの実施状況
・STP発電所では、安全系はN+2の思想で設計されており、現
　　在はこの特長を生かしたOLMが実施されている。
・OLM実施の対象機器はOLMによってトリップや出力低下を起
　　こさないことを条件に選定している。特にSTPの場合安全系が
　　基本的にN+2系統となっているので幅広い機器についてOLM
　　の実施が可能である。以前STPでも燃料交換停止期間が3ヶ月
　　程度であったが、OLMを導入したことによって1ヶ月あまりに
　　短縮が図れている。
・STP発電所ではOLM実施サイクルは12〜13週間で、この
　　12週サイクルに個々の対象機器の実施時期（基本的に1週間）
　　を当てはめて行く。当てはめ方は12週の各1週間をa、b、c、

dの４グループにわけて機器のトレインを考慮して割り当ててい
くものである。重要安全系は３トレインあるのでa、b、cの３
グループのうちの１週間にそれぞれ当てはめ、これを重要週と
して位置付ける。

・これにより、異なる安全系トレインの機器は相互に別の週に
OLMを実施することになる。

・個別機器の作業計画は実施予定週のOLMの実施に先立ち26週
間前から準備を始め、スケジュール等の調整を行っていき、14
週間前に実施スケジュールを決定する。

・OLMの実施時の安全確保に重要なものとして関係者の訓練があ
るが、STPでは職員全員にリスクに関する教育を行うほか、保
守部門には特別なヒューマンパフォーマンスの訓練が行われる。
また、当該保守が始めて実施されるものや高度な技術を要求さ
れる場合（溶接等）にはシミュレーター、模型あるいは予備品
を使っての模擬練習を行う。

・AOT、または完了時間（Completion Time。以下、「CT」と
いう。）について非常用DGを例に取ると、当初７日間であっ
たが、事業者がリスク評価を行い、NRCが新たに認めた期間
として14日が設定されている。さらに発電所特有のものとし
て、現在リスク管理Tech. Spec.（Risk Managed Technical
Specifications。以下、「RMTS」という。）を運用している。

・OLM中のリスク評価を継続して実施しており、訪問週には１号
機で非常用ディーゼル発電機等のOLM実施が計画されており、
それによるCDFの変化量（ΔCDF）は週の初めに対し週末で
$4.67 \times 10^{-7}$の上昇との評価が出ていた。

・マネージャー等の中には状況確認、必要な指示を行うため早朝出
勤し、週４日で10時間／日の業務対応を行っているものが多い。

　　毎日 6：30 に関係部門によるデイリーミーティングが行われて
　　おり、安全、ヒューマンパフォーマンス、プラント状況等まと
　　めたレポートが毎日（月～木曜日）配布される。日常業務とし
　　て定着しており、保守管理を支援する計算機システムを利用し
　　て容易にデイリーミーティング用の資料が出来上がる。
　・全ての作業のリスクを高、中、低、リスクなしの 4 種類に分類する。
　　高と中の場合は事前の訓練、モックアップを利用する。

b. リスク評価（リスクモニター）
　・RASCAL は、リスクを計算するソフト。レベル 1 、2 のリスク
　　モデルで、CDF、早期大規模放出頻度（Large Early Release
　　Frequency。以下、「LERF」という。）を計算する。対象は全
　　ての安全関連設備とバランスオブプラント（BOP）の一部が入る。
　　CDF の他に、トリップ確率が計算可能で、更に過渡事象確率も
　　計算できるように改良中（2010 年完成の予定）。
　・RICTCAL は、RMTS を運用するためのソフトで、AOT をリス
　　クから計算する。Tech. Spec. の CT（AOT）をフロントストッ
　　プとして使用し、不具合その他によってそれを超えることが想
　　定される場合に、そのシステム構成でのリスクに基づいて計算
　　されるリスク情報を活用した完了時間をバックストップとして
　　使用する（ただし、最大は 30 日間）ことが可能となる。
　・いずれも所内で開発したもので、以前は Excel ベースのソフト
　　であったが、それが ORACLE などのデータベース利用に変わり、
　　そして現行のソフトに進化した。

c. 実例（現場見学）
　・STP 1 号機の非常用 DG 及びエッセンシャル冷却水系ポンプ等

- の OLM 作業現場に立ち会った。いずれも 1 週間以内で OLM が終了する工程で進められていた。
- 非常用ディーゼル発電機は 100% 容量（5,500kW）のものが 3 台設置されており、N+2 の対応となっているが、さらに 1、2 号機共用で移動可能な非常用ディーゼル発電機（3,000kW）1 台を備えており、OLM 時の安全確保の対応がとりやすいものとなっている。
- 非常用 DG の AOT は 30 日である（バックストップ最大 30 日間を指していると思われる）。
- 今回の作業は 5 年に 1 度の点検で、油を抜き取り、ファイバースコープで検査し悪いところがあれば補修を行う。この点検の他に 10 年に 1 度の点検もあり、その点検ではシリンダーヘッドを取り替える。
- 社員 8 名が 2 シフト、24 時間作業で約 7 日間を予定している。
- エッセンシャル冷却水系ポンプについては取り替えを実施しており、取り替え用のポンプはすでにワークショップで整備され、待機状態であった。当該ポンプは冷却用の人造湖（リザーバー）に面した建屋内にあり、ポンプの取り出し、組み込みには自走式クレーンを使用していた。これはクレーンを常設した場合の経費と比較してこの方法をとっているとのこと。

## 7.2.4 River Bend 発電所（2010 年 1 月）

a. OLM のメリット（発電所長の説明）

- かつては保全作業のほとんどを停止時に行っていたため、同時期に多くの作業が輻輳していたが、今では全保全作業の 8 割を OLM で行うことで保全作業が年間で平準化できた。停止時に臨時の作業者を雇用することもなく、プラント・機器を熟知して

いる常駐の作業者のみで作業できるようになった。

・我々管理者も、かつては同一日に複数の立ち会い等があると、個々の作業に目が届かないことがあったが、OLM 導入により個々の作業に管理の目が行き届くようになり、これらの結果として発電所の安全と品質が向上できた。

・安全・品質の向上については、ある１つの施策により改善されたのではなく、様々な施策の積み重ねによるものであると考えている。


b. OLM の放射線管理

・被ばくリスク低減のためにホットスポット（高線量率箇所）の内、影響が大きいものの 50%（60 ヶ所⇒ 30 ヶ所）をなくした。ホットスポットの削減には系統フラッシング、圧力抑制プール、使用済燃料プール（Spent Fuel Pool。以下、「SFP」という。）の除染などを実施している。

・OLM の方が保守作業時の線量管理がしやすい。今後は停止時作業での線量低減が課題である。

・OLM で線量が高い作業は、原子炉冷却材浄化系（Reactor Water Clean-up System。以下、「CUW」という。）関連、SFP 関連（燃料リークがあったため）、復水脱塩装置／復水ろ過装置関連作業であり、停止時のワースト 10 は、制御棒駆動系（Control Rod Drive。以下、「CRD」という。）関連、原子炉格納容器内の供用期間中検査（In-Service Inspection。以下、「ISI」という。）関連、CUW 関連、RHR 関連作業である。

・各作業では、24 週間前から準備を開始し、10 〜 6 週間前に放射線管理グループを交えて評価を行い、各作業の６週間前には計画 10mRem 以上の作業について保全部と放管部でウォーク

ダウンを行う。3週間前に全ての放射線作業許可を完成し、2週間前に担当の放射線管理監督者に引き継がれる。作業週では、OLM担当の放射線管理監督者は朝6時半の早朝会議「Plan of day Meeting」で当日作業における線量低減に関する説明を行い、作業後は計画線量と実際との差異分析を行い翌日の早朝会議で報告する。

・発電所エンジニアの勤務は、10時間／日、4日／週で金土日が休日だが、必要な情報は携帯・インターネットに送られ外部から確認できる。

・OLM等で高線量エリアの監視に用いる3台のロボットを開発した。2台が陸用でヒータールームや蒸気漏れ原因調査等に、1台は水中用でサプレッションチェンバー、使用済燃料プール等の点検用に使用している。

c. OLM サイクルプラン

・6年サイクルでOLMのサイクルプランを立てている。3台ある機器は2年毎に1台点検する等、点検台数の平準化をしている。

・燃料サイクル期間は18ヶ月であったが、2010年から24ヶ月とする予定である。Grand Gulf発電所（River Bend発電所と同じEntergy社）はすでに24ヶ月で秋に停止時検査を実施している。River Bend発電所も24ヶ月で春に検査を行えば、2発電所での作業の平準化ができる。

・OLM作業の計画作成は28週前（T-28）に開始する。4週前に作業を確定しウォークダウンを行う。

・非常用DGのOLMは秋に毎年1台ずつ、3台を3年周期で行う。AOTは14日間だが、7日間でOLMを完了するようにしている。約20名の24時間体制で行う。

- 3年毎の保全メニューは、過去のパフォーマンス、ベンダーの提案、劣化の予兆をもとに、エンジニアリングが頻度、内容を決める。その際、電力研究所（Electric Power Research Institute。以下、「EPRI」という。）のテンプレートがたたき台になっている。
- OLM の際の出力低下は極力避ける。例外的に循環水ポンプのオイル交換のときに出力を下げるが、5MW 以内であり、これは計画保全のひとつである。
- 夏場は経済的な理由から100%出力で運転したいので、発電リスク（出力低下、プラント停止）がある機器の OLM は実施しない。
- 安全系に関する OLM の計画等は NRC に提出する必要はない。Tech. Spec. に従ってその期間内で保守を行う。駐在検査官には毎週のスケジュールおよびリスクに係る資料を提示している。検査官は、作業に随時立ち会い、早朝会議も随時確認する。
- 非常用 DG と非常用ガス処理系について、点検内容、点検頻度の概要は以下のとおり。

<非常用ディーゼル機関>

　▶電気、計装、機械品に区別されて合計 400 ほどの予防保全タスクがリスト化されており、その頻度は3年と6年に設定されているものが多い。

<非常用ガス処理系>

　▶電気設備、計装設備、機械設備の順に、合計 70 種類ほどの各タスクの内容と頻度などが示されている（OLM かどうかの区別は読み取れない）。その一部は、下記の通りである（頻度に示される数値は日数と推定して、年数に換算した）。

表7.1　非常用ガス処理系設備の予防保全タスク

| 頻度 | 予防保全タイトル |
|---|---|
| 3650（10年） | ブレーカの分解（EJS-SWG2A-ACB033 PERFORM BREAKER OVERHAUL） |
| 2190（6年） | リレーの洗浄、点検（GTS-3A - CLEAN, INSPECT GTS-3A RELAY） |
| 6570（18年） | リレーの交換（GTS-3A - EQ REPLACE GTS-3A RELAY） |
| 14600（40年） | フィルタ交換（GTS-FLT1A - CHANGE THE CHARCOAL IN GTS-FLT1A） |
| 2190（6年） | 弁の点検（GTS-DMP2A - INSPECT, ADJUST AND LUBRICATE GTS-DMP2A.） |

d. OLM の安全管理

・OLM においては、作業していない側の系列が稼動可能であることを確認すること、AOT の 50％で作業を完了する計画とすること、トリップリスクの増加を含めて作業進捗の管理が重要である。

・DG については OLM のために、AOT を 7 日から 14 日に延長した。

・停止時のリスク評価は始まったばかりであり、十分な情報がない。停止時リスク評価モデルには不十分なところがあるが、開発中の ORAM ソフトはスケジュール等をインプットして、その不十分さを埋めることができる。

e. リスクモニターと PRA について

・アメリカ原子力発電所では PRA を使用してスケジュールをたてており、River Bend ではソフトウェアは EPRI のものに変更を加えて使用している。CDF の計算が可能。

・PRA モデルの単純化はしておらず、計算の足切り限度で計算速度が決まる。

・PRA モデルには火災、洪水等はリスクに入っていない。火災

　　リスクについては、NRC の防災担当箇所と PRA 担当箇所では
　　PRA の考え方の相違がある。
・現在 PRA レベル１のみの解析であるが、レベル２についても数
　年先には実施できるようにする。停止時のリスク評価は、他の
　プラントよりもよくできていると思う。
・マネージャー、オペレータもソフトウェアを使う。作業週の６週
　間前に、リスクが高いことがわかった場合、細かく計算していき、
　安全性を改善する場合には、スケジュールを変える場合もある。
・非常用 DG の CDF の計算結果（OLM と停止時の両方）は以下
　の通りである：
　　▶ DG を１系列 OLM する場合、何も保全を実施していないと
　　　きの CDF 値（1.3E-6）の２倍となり、CDF 値は 2.6E-6 と
　　　なる（すなわち△ CDF は 1.3E-6）。
　　▶停止時の場合の方がリスクは低い。停止中で、原子炉水位が
　　　上がっていて、他の機器がインサービス可能な場合、E-12 程
　　　度となる。
　　▶考察：STP で資料を頂いた DG の OLM 中の△ CDF は約
　　　4.5E-7 なので、River Bend 発電所の△ CDF 1.3E-6 は、２
　　　倍以上高い。これは N+2 と N+1 の差（STP：DG100% × ３台、
　　　River Bend 発電所：DG 50% × ３台）と推定する。

f. OLM 現場見学
　　訪問当日に予定されている OLM 作業として、使用済燃料プール
　での燃料シッピング（漏えい検査）と、タービンデッキでの復水フィ
　ルタの交換作業を視察した。
　　使用済燃料プールでは OLM としてシッピング検査を実施してい
　た。シッピング装置操作員２名、水中作業技術者１名、他２名の体

制であった。汚染区域用装備は水中作業技術者のみが着用していた。同一フロアを我々見学者が私服で見学でき、合理的な放射線管理がされている。

　タービンオペフロ（Turbine Deckと呼称）に復水フィルタが胴部のみ遮蔽されて設置されていた。別に、同じく胴部のみ遮蔽可能な架台がある。OLMとして新樹脂装填作業を実施していたが、当日は機材が仮置きされているのみであった。復水フィルタは全部で5基設置されており、設計上必要な基数は3基であり、当日は4基で通水している状況であった（1基はOLM中）。これについてもリスク評価を行ってOLMを実施しているとのことであった。

**図7.1　SFP（FB-113）**
写真左奥側でシッピング検査を実施中

図 7.2　復水フィルタ（TB-123）
手前から A、B、C、D 塔
C 塔に OLM 用足場が設置されている

図 7.3　復水フィルタ（TB-123）

### 7.2.5 Exelon 社情報（NEI 事務所）（2011 年 1 月）

2011 年 1 月の NEI 訪問時に、Lambert 氏（Exelon 社副社長）から Exelon 社の発電所での OLM の取り組みについて以下の説明があった。

- ・Exelon 社は、24 ヶ月サイクル運転のもとで、停止期間の短縮に向けて、停止期間 18 日を経営目標に設定し、その達成に向け、積極的に OLM に取り組んでいる。
- ・OLM の実施においては、リスク重要度を考慮しつつ、Tech. Spec. で定められた AOT の 50% 以内での完了を目標とする。
- ・2 系列同時の OLM は厳禁とし、重要機器の OLM は 24 時間体制で監視する（例；非常用 DG の分解点検修理）。
- ・他社発電所と同様に、作業開始 28 週前に OLM 対象設備の検討を開始する。7 ～ 10 年前は 12 ～ 13 週間前が通常であったが、事前の検討時間が長い方が望ましい。
- ・OLM の実施は社員のみで、請負業者に頼らない体制をとっている。

### 7.2.6 Susquehanna 発電所（2011 年 1 月）

Susquehanna 発電所 1、2 号機（BWR）における OLM の実施状況について、パワーポイントのスライドを用いて以下の説明があった（質疑応答を含む）。

- ・安全系設備を含め、ほとんどの機器が OLM の対象になっている。OLM の年間スケジュール資料を受け取った。
- ・系統の待機除外時間は厳密に系統待機除外ウィンドウ（System Outage Window。以下、「SOW」という。）で管理している。安全規制の枠組みの中で PRA ベースの炉心損傷リスクを把握した上で実施している。

・点検は 24 時間体制で実施され、管理者はスケジュール管理と設備管理を行う 2 名である。
・OLM のメリットは、停止期間の短縮および対象範囲の低減と、停止時点検のみでは不足していた保全内容のフォローが可能であることである。課題は、安全系設備の待機除外による原子炉安全リスク（炉心損傷リスク）が高くなること、管理及び準備に多くのリソース（人的資源）を必要とすることである。予測できないトラブルにより計画工程を超えてしまうことが考えられるが、AOT を超えたことはない。
・OLM で機器を隔離することにはリスクを伴うが、隔離した機器に不具合があった場合は範囲の縮小や点検で対応する。事前に隔離機器（弁等）の試験を行い隔離可能であることを確認している。
・系統隔離において、高温高圧箇所はダブルアイソレーションを基本とし、特別な表示を行う。ドレン弁やベント弁に不具合があった場合は第 2 弁による隔離としている。また可能な範囲で隔離弁に不具合があるかどうかの確認を行っている。アイスプラグ（窒素ブランケット使用）による隔離も行っている。

OLM 実施のための改善事項について、以下の説明があった（質疑応答による情報を含めて記載）。
・2010 年の作業被ばく線量実績は、下記の通りである。
　▶運転中作業の線量 72.2 人・rem
　▶停止時作業の線量 107.1 人・rem
　▶合計 179.3 人・rem（1.793 人・Sv）
・OLM 実施等に伴う放射線被ばく低減のために以下の支援ツールを開発・活用している。（Web を利用し幅広く職員等が情報を

入手できるものが多い)
- ▶ FinBot（キャタピラ付きの移動ロボットで遠隔で放射線量の測定が可能）
- ▶ Dose Rate Projection Model（線量率予測モデル）
- ▶ Daily Dose（毎日の線量予測）
- ▶ SOW（System Outage Windows）（系統別の待機除外作業枠）
- ▶ Panoramics（ビデオによる現場写真のライブラリー）
- ▶ ALARA Video（作業実施記録のビデオ）
- ▶ Teamwork for HPTechnicians（放射線管理技術者のためのチームワーク）
- ▶コミュニケーション（高リスク作業前の連絡）

・FinBot（移動ロボット）
- ▶キャタピラ付きの移動ロボットで、蒸気や放射能がある場所に入って計測が可能。
- ▶2台あり、人が入れない場所の放射線量をチェック、被ばく線量低減を目的とする。

・Dose Rate Projection Model（線量率予測モデル）
- ▶各建屋・フロアの図面上に空間線量率の数値が表示されているもの
- ▶出力を下げた場合に、その場所の線量率や水素レベルがどの程度下がるか予測する
- ▶ Web ベースのソフトで、所内のどこからでもアクセスが可能

・SOW
- ▶ある系統に対する OLM の作業は系統ウインドウと呼ばれる。この範囲内の作業を事前に精査することで、作業の重複を減らし、被ばくする機会を最小限度に抑えるのが主目的。人数、ス

ベースの有効利用を目指す。
・Panoramics（ビデオによる現場写真のライブラリー）
▶ Web ベースでアクセスが可能。
▶所内の各場所の写真のライブラリーで、操作に合わせて画面
が移動し、パノラマビューが可能（ストリートビューと同じ）。
▶例えば、弁の機器番号を入力すれば、その設置場所の写真が
映し出される。
▶ NRC の検査官を含めて、所内の誰でも見ることができる。
・Daily Dose（毎日の線量予測）
▶作業別に毎日の保守作業の線量の予測値を記載。各作業オー
ダー別にカウント。
▶予測作業は放射線管理部門が前述の線量率予測モデルを利用
して予測を実施。配布図にある各エリアの値を利用する。
▶実測値も記載される。実測に基づくモデルの更新も行われる
（大体合っているので更新頻度は必要に応じて行う程度）。
・ALARA ビデオライブラリー（作業実施記録のビデオ）
▶テープまたは DVD 形式のライブラリーがある。
▶作業、プロジェクト毎に過去の保守作業の記録が収録されて
いて、作業時の服装など、イメージを伝えることができる。今
までの線量管理の教訓が反映できる。
・HP（保健物理）技術者のコミュニケーション
▶保全作業者と除染作業者間のコミュニケーション
▶作業後に、問題点を洗い出し、教訓にまとめる
▶運転経験のレビューは、1 週間に 1 日かけて実施。他社の経
験を含む。情報は、サイト規模の情報管理システムである国家
事象管理システム（NIMS）に収録。
▶被ばくを伴う作業、特に高リスクの放射線作業は、毎日の状

況報告書に記載して周知を図る。

OLM 現場見学

・冷媒漏れの異常が発見されたために、修理を目的として実施する
　中央制御室用チラーの OLM 状況を確認した。AOT は 7 日間で、
　4 日間で実施する。

・OLM の実施期間中、もう一方の運転号機との隔離を明確に行う
　ため、当該運転号機には区画による立入禁止措置および運転停
　止禁止の注意喚起の標識（ピンク色）が掲示されていた。また、
　機器設置エリア付近の扉にも同様な標識（ピンク色）が掲示さ
　れていた。（図 7.4、5 を参照）

**図 7.4　立ち入りエリアの注意事項表示（OLM 現場の標識）**

図7.5 取り扱い注意機器の表示

・当該の OLM 実施について、事業者から規制当局に報告等は行っ
 ていない。検査官が自主的に巡回するので、その際に AOT の標
 識を認識する。
・大型機器（23 機器）の予備品リスト
　起動変圧器、非常用 DG（ディーゼル機関、発電機）、インバー
 ター、再循環ポンプ、制御棒、CRD、低圧注水ポンプ及びモー
 ター、低圧炉心スプレイポンプ及びモーター、炉心スプレイポ
 ンプ及びモーター、RHR ポンプ及びモーター、補機冷却用海水
 ポンプ及びモーター、主蒸気安全弁、主蒸気逃がし弁、主蒸気
 隔離弁
・また、事業者間で予備品の融通管理を行っており、「高額な設備」、
 「製作に時間を要する設備」はサイト内で管理している。
　融通管理対象機器：再循環ポンプ、原子炉隔離時冷却ポンプ

及びタービン、高圧注入ポンプ及びタービン
・サイトの予備品は OLM のためではなく、不具合発生時に運転停止に至ることを低減するために確保している。
・運転中に大型機器の取替えをスムーズに行うため、65t トラックや専用の鉄道による運搬を可能としている（敷地内へも線路が敷かれ、大物機器の搬出入が可能となっている）。屋上には機器搬入搬出用のハッチがある。

## 7.2.7 Diablo Canyon 発電所（2011 年 1 月）

### a. OLM 事例

・OLM の対象としては DG や安全系のポンプ等が含まれる。定期的な保全（オイルサンプリング、オイル交換、カップリング点検、清掃等）は半分以上を OLM で実施しており、大型ポンプや DG では校正部品の一括取替えも実施する。安全弁の保全も取替えで対応している。なお、細かい修理や不具合の是正処置が必要な場合は、プラント停止時に実施する。
・DG に対しては、10 年ほど OLM を実施している。各ユニットに 3 基あり、2 基は運転中、1 基はプラント停止時に保守を実施する。保守作業内容は、ベンダーの提案、サイトの状況や業界の運転経験をもとに判断する。
・状態監視も実施しており、定期試験やエンジンのパフォーマンスよりデータを収集している。保守前後でのエンジンのパフォーマンスの比較も実施している。エンジンのパフォーマンス分析時には、シリンダー圧力やそのタイミング等の測定を実施し、評価する。
・OLM では、予定通り実施できなかったこともある。半分くらいは予想外の事象に遭遇する。しかしながら、AOT 内に解決でき

ない問題に直面したことはない。許容された時間の２時間前に
作業終了というのはある。計画での待機除外時間は７日間となっ
ているが、通常は半日から２日間ほど早く終了する。

・事前承認がない場合、待機除外時間は７日間で計画し、24 時間
体制で作業を実施する。作業量・内容はサイクルによって異な
るが、４日間というのを目標としている。

・プラント停止期間は一般的には、30 日弱（31、32 日程度）を
目指している。

・安全機器を OLM の対象とするかは、対象ポンプが冗長性を持っ
ているかどうかによる。ない場合は OLM の内容も限られてしま
うが、冗長性があれば、構成部品の交換といった大規模な作業
を実施できる。

・定期的点検の半分以上は OLM で実施している。この点検は、オ
イルサンプリング、オイル交換、カップリング点検、清掃作業
のことであり、大型ポンプや DG では、構成部品の一括取替も
実施する。なお、細かい修理や不具合の是正処置が必要な場合は、
プラント停止時に実施する。

・安全弁も取替で対応する。溶接された弁の場合には、部品を取り
替える。

・大型の予備品としては、例えば、海水ポンプ、復水ポンプ、復水ブー
スターポンプ、RHR ポンプのポンプ・モーター、また、DG の
エンジン・発電機を保有している。

・OLM 導入には数年かかり、その後改善を実施している。手順の
整備も含めると、どの程度かかったかはわからない。例えば DG
のオーナーズグループやポンプのユーザーズグループ（EPRI）
で情報共有を行っている。

b. PRA プログラム

・PG&E では、1980 年代より PRA による地震のモデル化を実施し、2011 年には PRA のモデルが更新される（近年では 5 年毎に更新）。

・CDF、LERF は OLM にとって非常に重要な情報であり、OLM の際には PRA を通じた考察が必要。CDF の 25％、LERF の 6％が OLM に関連する機器によるものとなっている。

・構造物、系統、コンポーネント（Structure, System and Component。以下、「SSC」という。）の信頼性を維持するため、運転中に必要な予防保全のみを実施、同時に待機除外となる SSC の数を最小にする、リスクの高い複数の SSC の待機除外は避ける等により、OLM によるリスクを最小限にする。

・以前は現在のような PRA モデルがなかったため、リスクの高い機器も同時に待機除外していたこともあり、今から考えるとリスクが大きかった。現在は以前のリスクの 1 ／ 5 になっている。

## 7.2.8 Monticello 発電所（2019 年 12 月）

a. OLM の基本的な考え方

・OLM の計画段階で全ての作業に対してリスクを評価する。発生する可能性のある緊急時の対応も考慮して工程を作成している。

・停止時保全にリソースを注力するため、停止時の前後（4～6週間）には主要な予防保全は実施しない。24 ヶ月サイクル運転で、20 ヶ月は OLM していて、停止期間は基本が約 30 日で、直近は 23 日を達成した。

・感覚的には保全量の 80％程度は OLM をしている。DG 等、昔は停止時に保守していたものも OLM にしている。経済性の面から停止期間を短くする要求があり OLM はこれからも拡大させる

方向にある。これにはリスク情報を活用した ISI も含まれる。

b. OLM の計画について
- 複数のウィンドウ（工程）を設け、13 週間毎に繰り返される。系統を区分して、リスク管理システムで支障がないようにしている。
- 保全工事の 18 ヶ月前から保全計画を始める。プランナーが要領書を 12 週間前までに作成し、タグアウトやプラント影響評価を 10 週間前までに行い、8 週間前までにすべての書類をそろえる。保全チームが書類を見てウォークダウンしたり、有資格者の確認を行い、2 ヶ月前までに書類も予備品も準備する。
- 安全系は 1 系統毎に待機除外する。複数はしない。非安全系は同時に待機除外をすることはある。
- OLM は、あらかじめ分類した「機能単位」で実行する。
- 作業品質を評価するため 1 週間以内に反省会を実施し、最終的な工事報告書を作成する。

c. OLM のリスク管理について
- 複数の安全系を同時に待機除外しない。基本的には AOT の半分程度で OLM を計画する。
- リスク管理は専門家パネルで検討される。実施日の 16 週、7 週、3 週前に工事内容を検証する。リスク管理手順書に基づき、産業、環境、放射線、原子力、企業、原子炉（PRA）の 6 つのリスクを見ている。
- ヒューマンエラー防止のため、ヒューマンパフォーマンスというツールがあり、どういう要因でイベントが発生したのかを評価する。全米で取り組み、INPO が運転経験情報をまとめている。

作業前には関連する運転経験情報を確認する。
・待機除外したときのリスクの増加量を評価するためのシステム
（EPRI の Phoenix というリスクモニター）があり、（リスクの
増加により）色が変わるまでの期間を評価できる。基本は黄色
にならないよう管理する。
・保守規則への対応について NRC はランダムサンプリングによっ
て監査する。コミュニケーションを通じて規制側とは信頼が成
り立っている。
・リスクモデルでは Tech. Spec. との関係も含まれており、AOT
が 7 日間のものであっても、このシステムではリスクベースで
あるため半年待機除外が可能との評価をする（場合がある）。保
全期間を AOT 以上に設定することもできるが、NRC の承認が
必要なので、基本的にはしない。
・疑問がわいたら PRA 専門家に問い合わせるが、基本的には保修
部でリスク管理・評価をしている。

d. OLM への多様性かつ柔軟性を有する影響緩和戦略設備の活用に
ついて
・多様性かつ柔軟性を有する影響緩和戦略（Diverse and
Flexible coping Strategies。以下、「FLEX」という。）設備
は基本的に、四半期毎のサーベランス試験時以外には使わず、
OLM には活用しない。緊急事態のために取っておくべきものと
の認識で、降雪時の雪かきなどで使用する際には、なぜ必要な
のかということを申請して使用する。
・FLEX 設備を OLM に活用しないのは、設備が一般汎用品であ
り信頼性に不安があること、また普段使っていないからである。
また FLEX 設備は設備容量が小さく、例えば非常用 DG は 2,000

〜 3,000kW に対して FLEX 設備は 300kW である。

・FLEX 設備は PRA のリスクモデルに加えていて、最も効果が高いものはハードベントである。NRC のリスク部門が反対していて、NRC のクレジットは受けていない。FLEX を組み入れた PRA モデルによる評価で OLM の可否を決定することはしていない。

・FLEX 設備は設計基準の対象外であり、Tech. Spec. に記載されているものでないため、AOT を超えたからといってプラント停止する必要はない。NRC 命令に抵触するため故障時には復旧に努める必要はある。

e. OLM 実施前の訓練について。

・運転員と同様、保全担当者全員が非常に厳しい訓練（年6〜7週間）を受けている。訓練では 2020 年第 4 半期にバーチャルリアリティを導入予定である。

f. OLM 事例

・非常用 DG の AOT は 7 日間。OLM は AOT の半分で、それ以上かかりそうなときは人員増加させる。最大 4〜5 日かかる非常用 DG 保守時に、それに係わるポンプ等の保守は別に実施している。ベンダーからは AOT 内で完了できるよう確認する。

・RHR は OLM を適用している。停止中は、RHR の 2 系統を機能維持することとしており、昔は両方を停止時に保守していたが、今は点検周期を 48 ヶ月にして、2 年毎に交代で OLM を実施している。

・高圧注水系の AOT は 14 日間で、OLM は年 50 時間程度を 4 回に分けて実施する。MO 弁駆動部点検がクリティカルとなる。

### 7.2.9 Turkey Point 発電所（2019 年 12 月）

a. 計画作成

　OLM スケジューリングプロセスというものがあり、チャートに基づきスクリーニングを実施する。

　スクリーニング後 30 週前から準備を実施し、スコーピング段階（30 週前から 16 週前）、プランニング段階（16 週前から 9 週前）、スケジューリング段階（8 週前から 3 週前）などを経て作業段階へと進む。

　作業実施の 3 週間前にはリスク評価のレポートを使用したミーティングを行いディレクターやマネージャーが確認を行う。

b. リスクの評価と管理

　・リスク管理については、以下 6 つの事象を考慮している。

　　▶原子力安全、産業安全、放射線影響、社内状況、化学環境、外的要因

　・リスク評価には、あらかじめフォーマットを決めており、作業者はフォーマットへ記載し、評価者がその後の対応などを記載する。

　・リスク評価の PRA は定量的なものだが、全体としては定性的なものも含まれている。

　・作業実施 3 週前のレポートには定量的なものと定性的なものの両方が入ってくる。

### 7.2.10 フィンランド（Olkiluoto 発電所、2006 年 1 月）

　Olkiluoto 発電所（ASEA-Atom 社 BWR、2 基）訪問時に、OLM について以下の説明があった。

　4 トレイン設計になっているので、1 トレインを除外しても Tech. Spec. の運転制限とはならず、OLM が可能。また、機器への運転中のアクセスも確保されている。

DG に対して Tech. Spec. 上で与えられている時間は 7 日間。

　ある系統の電気系の点検を実施する場合、同じ系統の弁なども点検してしまう、"パケット"点検方式を採用している。1 つのパケットで 1 〜 7 日間かけて点検。パケットで行う点検計画をリスト化し、規制側に対して毎年提出し承認を受ける。OLM の方が定検中に点検するよりもプラントのリスク（PRA で評価された値）が低い（だから推奨している）。

　（主に汚染・作業被ばくの点から）安全系はレッドあるいはオレンジの区域に分類され、停止時に保守作業が行われる（クリティカル作業）。レッドあるいはオレンジに分類されない安全系は OLM を実施している。

　4 台の給水ポンプのうち 3 台が稼動中。1 台は予備で、OLM が可能。

## 7.2.11 スイス（Leibstadt 発電所、規制当局（HSK）、2007 年 1 月）

　2007 年 1 月にスイスの Leibstadt 発電所（GE-BWR）と規制当局（HSK）を訪問した際に、OLM について以下の情報を得た。

- ・Leibstadt 発電所では、毎年の計画停止は 2 週間の短期と 3 週間の標準を交互に繰り返し、10 年毎に 1 ヶ月の長期を実施し、年平均 18 日を目標としている。状態基準保全は多くは採用していない。RHR 系は N+2 の系統構成であり OLM を実施している。
- ・保全プログラムは、1 年間における停止時検査と OLM の割合を良いバランスで決めるものである。
- ・停止時検査は毎年 8 月に行っている。OLM は対象を低圧系の熱除去系としている。これらは年 4 回の期間に分けて実施している。（N+2 設計を適用）

- HSK とは規制検査前に発電所と会合を持つ。
- OLM は PRA 分析により、リスクは小さいとの結果が出ている。また、熱除去系は多重化されており、OLM は可能である。なお、旧式の発電所では、OLM はできない（N ＋ 1 設計のため）。
- OLM のメリットとしては、一番良い条件で保全を行えるということのみで、他のメリットは考えていない。
- 安全系以外も OLM で予防保全を採用している。電動弁は状態監視を行っている。分解して部品の状況を確認して周期を延ばすかどうかの判断をしている。
- 必要な場合に、OLM についても HSK による規制検査が入る。

## 7.2.12 ドイツ（Isar 発電所、2008 年 9 月）

2008 年 9 月にドイツの Isar 発電所（KWU 社製、2 基、1 号機は BWR、2 号機はコンボイ型 PWR）を訪問した際に、ドイツの OLM について以下の情報を得た。

- 原子力発電所では運転ハンドブックと点検のための検査ハンドブックを定める要求がある。検査ハンドブックには、どのような状態で検査を行わなければならないか、また、どの検査に技術検査協会（Technischer Ueberwachungs-Verein。以下、「TUV」という。）が立ち会うかが書いてある。OLM はその両方のハンドブックにかかわる。
- OLM や CBM を導入する場合は、導入前に監督官庁と TUV と共に話し合う必要がある。
- 最新のドイツの原子力発電所はコンボイ型で設計されている。Isar 発電所 2 号機（KWU-PWR）他 3 基の発電所が採用しており、安全系が 4 系列である。OLM には、多重の安全構造が必要で、コンボイ型であれば、運転中に検査ハンドブックに書かれてい

るいくつかの検査を運転中に実施することができる。また運転
中に格納容器の中に入ることが出来るので、クレーンの保守は
運転中にもできる。フランスの発電所のように3系列だとドイ
ツの枠組みではOLMはできない。

・ドイツでは州によって監督庁が異なるので、OLMについての要
求も異なり、州によってはOLMができない場合もある。

・Isar発電所2号機は最新プラントで、OLMを1月に、総点検を
通常7月に実施している。（総点検を7月に行うのは、ドイツで
は冬に電力需要が多いことと、8月の夏休み前に仕事を終了さ
せ、作業人員の確保をしたいため。）

## 7.2.13 イギリス（Sizewell B 発電所、2009年12月）

2009年12月にイギリスのSizewell B発電所（WH-PWR）訪問
時に、OLM関連で以下の説明があった。

・少数の系統が2トレインであることを除き、殆どの系統が4トレ
インであるため、そのうちの1系統を保守のために隔離しても
リスクの上昇を抑えられる。

・Tech. Spec. は、アメリカのMERITS Tech. Spec. に基づいた
ものとなっており、そのTech. Spec. SR3.0.2によると、いか
なるプラントモードにおいても1トレインを故意に止めてよい
ことになっていることから、発電中に保守や試験を実施できる。

・通常は、一度に実施するのは数項目に限定されており、事前に
NIIに知らせている。

・Tech. Spec. に係る非常用電源系の安全ケースを2年かけて見
直し、DGのAOTを3日間から7日間に延長することについて
規制機関HSEの許可を得た。安全ケースでは決定論的評価と確
率論的評価の両方を実施した。その際、電源系にバックアップ

を設けて、DG の OLM でのリスク増分を最小限に抑えている。ここでは 24 時間作業を想定している。
- 事業者は、AOT についてアメリカと同様、予防保全のために活用しても良いと考え、個々の機器に対して OLM を実施しているが、一度に実施するのは 1 トレインのみである。
- OLM 作業は AOT の 60% で完了するように計画している。非常用電源系の OLM では 5.5 日を要した。
- 非常用電源系の OLM を実施することにより、通常の停止点検日数は 2 〜 3 日短縮された。
- DG の OLM にあたり、DG を追加するなど設備を新たに設けるわけではない。電源の相互接続を行うだけである。
- Sizewell B 発電所は N+2 だが、予備最終ヒートシンクは違う。複雑であるが、1 つで 100%容量を有している。

## 7.3 まとめ

アメリカでは 1980 年代後半より計画的な予防保全として多数の機器に対する OLM が実施されており、そのうち安全系の機器については Tech. Spec. が規定する AOT の範囲内での OLM が行われている。特に、1990 年代中盤以降は、1991 年公表（1996 年発効、1999 年改正）の保守規則対応の元で OLM に伴うリスクの評価と管理が実施されてきている。

プラント運転中の安全系機器の保守においては、アメリカで実施されているように、CDF 等のリスク情報の活用を踏まえ、十分な事前の計画やリスク管理措置などの実施によって、リスクの増分は十分抑制することができる。加えて、OLM の実施に伴う作業の平準化等によって保守作業の品質が強化できるといった利点もある。従ってアメリカでは、総合的に見てプラントの安全性、信頼性の向上を

もたらすという点で、OLM は有効な予防保全方策と認識されている。

　一方の欧州諸国では、原子炉の安全設計の違いや規制要件により、OLM の実施状況はさまざまである。アメリカの N+1 とは異なり N+2（50% × 4 トレイン）の安全系の設計を有する国（ドイツ、フィンランドとスイスなどの一部）では、比較的 OLM が実施しやすい状況にある。また、アメリカと同様の安全系の設計であり、かつ、アメリカ流の規制を採用している国（例、スペイン）では、アメリカと同様にして OLM が実施されている。一方で、安全系の設備に対する OLM には消極的な国（例、フランス）もある。

　OLM の海外事例のまとめを表 7.2、7.3 に示す。

　OLM の海外事例の詳細については、日本機械学会編「海外原子力発電所安全カタログ－脱炭素のための原子力規制改革－」に詳しく記載しているので、是非購入いただき、本書と合わせて OLM 活動に役立てていただきたい。

## 表7.2　海外のOLMまとめ（1/2）

| | アメリカ | フィンランド | スイス | スウェーデン |
|---|---|---|---|---|
| 訪問先 | 10ヶ所（NRC、発電所など） | Olkiluoto 発電所、STUK（規制当局） | Leibstadt 発電所、HSK（規制当局） | 原子力発電検査庁（SKI） |
| 訪問時期 | 2006～2019年 | 2006年1月 | 2007年1月 | 2007年2月 |
| 関連規制 | 保守規則（10CFR50.65）で全ての保守作業前のリスク評価と作業中のリスク管理を要求。Tech.Spec.のAOTを順守。 | Tech.Spec.でAOTを定めている。 | 設計に多重性があればOLMは可能だが、N+1設計ではOLMはしていない。 | OLMは、SKIが許可を与えた場合に実施可能。追加のトレインが利用可能である必要がある（N+2設計を意味すると考えられる）。 |
| 規制検査 | 原子炉監視プロセス（ROP）で保守規則への対応を検査（IP71111.13「保守リスクの評価及び緊急作業管理」）。 | （議論せず） | 必要に応じてOLMの規制検査がある。 | （議論せず） |
| 実情（計画） | 安全系を含めて、OLMを広範囲に実施。3ヶ月のサイクル。INPO AP-928（作業管理プロセス）に従い、作業週の13週またはそれ以前から計画作成（T-13スケジュール）。 | Olkiluoto 発電所（ABB AtomBWR、2基）はN+2設計であり、OLMをよく実施しているが、Loviisa 発電所（VVER/PWR）はN+1設計のためOLMの制限が多い。 | 低圧熱除去系（N+2設計）でOLMを実施。 | （議論せず） |
| Tech.Spec.との関係 | 安全系設備ではTech.Spec.のAOTの半分でOLMを計画。リスク情報を活用したAOTの延長やRMTSも可能。 | ディーゼル発電機のAOTは7日間（Olkiluoto発電所）。PRAによってTech.Spec.のAOT変更は可能。 | （議論せず） | （議論せず） |
| リスク評価と管理 | 全ての保守作業の前にリスクを評価し、作業中のリスク管理を必要に応じて行う。NUMARC 93-01のガイダンスに従う。 | 設備変更を反映したリビングPRAが義務付けられている。 | OLMによるリスクは小さいとの評価結果あり。 | （議論せず） |
| 安全系の設計 | N+1設計（STP発電所はN+2） | N+2設計（Olkiluoto発電所）N+1設計（Loviisa発電所） | N+1とN+2設計あり | （議論せず） |

## 表7.3　海外のOLMまとめ（2/2）

| | ドイツ | ベルギー | イギリス | スペイン |
|---|---|---|---|---|
| 訪問先 | Isar 発電所（KWU 社製、1 号機は BWR、2 号機は PWR） | Bel-V（連邦原子力管理庁（FANC）の執行機関） | HSE/ND（規制当局）と Sizewell B 発電所（WH-PWR） | CSN（規制当局） |
| 訪問時期 | 2008 年 9 月 | 2008 年 9 月 | 2009 年 12 月 | 2009 年 12 月 |
| 関連規制 | 運転と検査に係るハンドブックに OLM 計画を含め、承認を得る必要がある。（州によっては承認されないこともありうる。） | 原則として OLM は認めない。例外として OLM の設備リストが承認されれば実施は可能。リストには設備の種類、保全内容、使用不能となる期間、その間利用できなくなる機能を記載。 | 従来は認めていなかったが、OLM を可能とする安全ケースを承認した。一度に一つの系統しか認めない。非常用電源系にバックアップを設けてリスク増分を抑えて DG の OLM を認めた。 | アメリカ保守規則と NUMARC93-01 を採用。AOT 範囲内の OLM は CSN の許可は不要であるが、事業者は OLM 年間計画を CSN に提出。突発事象を考慮し作業時間を AOT の 60％ 以内に義務付けている。 |
| 規制検査 | TUV の検査を受ける。 | （議論せず） | （議論せず） | アメリカを参考にした検査手順書あり。 |
| 実情（計画） | N+2 設計（KWU 社製）であり、OLM が可能。 | 計画にない事態が生じた場合にも、申請して認められる場合がある。 | 2009 年、非常用電源系を対象に 5.5 日間で OLM を実施。 | WH-PWR では OLM は実施していない（LCO の満足が困難）。BWR と KWU 設計 PWR では OLM の年間計画を規制局に提出して実施。 |
| Tech. Spec. との関係 | 上記のハンドブックに規定がある。 | （議論せず） | DG の Tech. Spec. を変更し、AOT を 7 日間に延長。 | （アメリカと同様と想定される。） |
| リスク評価と管理 | （議論せず） | 運転中に保全しても安全であることの判断は、PRA を活用した定量評価ではなく、技術者の経験による質的判断と Bel-V の工学的判断による。 | 安全ケースでは決定論的評価と確率論的評価の両方を実施。 | （アメリカと同様と想定される。） |
| 安全系の設計 | 4 トレイン（N+2 設計） | （議論せず） | 4 トレイン(N+2 設計) | N+1 設計（WH 社 PWR と GE 社 BWR）N+2 設計（KWU 社 PWR） |

## 索引

# 原子力発電所の保全におけるリスク管理の考え方
－運転中保全と定性的リスク評価－ **単語・略語集**

| 略語表記 | 正式名 | 初登場場所 |
|---|---|---|
| AOT | Allowed Outage Time（要求される措置の完了時間） | 2.1.4 |
| CBM | Condition Based Maintenance（状態監視保全） | 2.3.3 |
| CDF | Core Damage Frequency（炉心損傷頻度） | 2.1.2 |
| CDF$_{inst}$ | CDF of the Instant（瞬間の CDF） | 3.1.1 |
| CFF$_{inst}$ | Containment Failure Frequency of the Instant（瞬間の格納容器機能喪失頻度） | 3.1.1 |
| CRD | Control Rod Drive（制御棒駆動系） | 7.2.4 |
| CSN | Consejo de Seguridad Nuclear（スペインの原子力安全委員会） | 7.1.6 |
| CT | Completion Time（完了時間） | 7.2.3 |
| CUW | Reactor Water Clean-up System（原子炉冷却材浄化系） | 7.2.4 |
| DB 設備 | Design Basis 設備 | 1 |
| DG | Diesel Generator（ディーゼル発電機） | 3.2.1 |
| EPRI | Electric Power Research Institute（電力研究所） | 7.2.4 |
| FANC | Federal Agency for Nuclear Control（連邦原子力管理庁） | 7.1.4 |
| FIN | Fix It Now | 7.2.1 |
| FLEX | Diverse and Flexible coping Strategies（多様性かつ柔軟性を有する影響緩和戦略） | 7.2.8 |
| GCR | Gas Cooled Reactor（ガス冷却炉） | 7.1.5 |
| HSE | Health and Safety Executive（労働安全衛生委員会事務総局） | 7.1.5 |
| IAEA | International Atomic Energy Agency（国際原子力機構） | まえがき |
| ICCDP | Incremental Conditional Core Damage Probability（条件付き炉心損傷確率の増分） | 7.1.1 |
| ICDP | Incremental Core Damage Probability（炉心損傷確率の増分） | 3.1.2 |
| ICFP | Incremental Containment Failure Probability（格納容器破損確率の増分） | 3.1.2 |
| INPO | Institute of Nuclear Power Operations（原子力発電運転協会） | 7.2.1 |
| IP | Inspection Procedure（検査手順書） | 7.1.1 |
| ISI | In-Service Inspection（供用期間中検査） | 7.2.4 |
| LCO | Limiting Conditions for Operation（運転上の制限） | 2.1.4 |
| LCS | Limiting Condition for Security（特重施設待機上の制限） | 6.2.3 |
| LERF | Large Early Release Frequency（早期大規模放出頻度） | 7.2.3 |
| ND | Nuclear Directorate（原子力局） | 7.1.5 |
| NEI | Nuclear Energy Institute（原子力エネルギー協会） | 7.2.1 |

## 原子力発電所の保全におけるリスク管理の考え方
－運転中保全と定性的リスク評価－　**単語・略語集**

| 略語表記 | 正式名 | 初登場場所 |
|---|---|---|
| NII | Nuclear Installation Inspectorate（原子力施設検査官室） | 7.1.5 |
| NRA | Nuclear Regulation Authority（原子力規制委員会） | 2.1.1 |
| NRC | Nuclear Regulatory Commission（アメリカ合衆国原子力規制委員会） | 7.1.1 |
| OLM | 運転中保全、Online maintenance | まえがき |
| PP | Physical Protection（核物質防護） | 6.2.1 |
| PRA | Probabilistic Risk Assessment（確率論的リスク評価） | 1 |
| RHR | Residual Heat Removal（残留熱除去） | 7.2.1 |
| RMTS | Risk Managed Technical Specifications（リスク管理 Tech. Spec.） | 7.2.3 |
| ROP | Reactor Oversight Process（原子炉監視プロセス） | 1 |
| SA 設備 | 重大事故等対処設備 | 1 |
| SDP | Significance Determination Process（重要度決定プロセス） | 7.1.1 |
| SFP | Spent Fuel Pool（使用済燃料プール） | 7.2.4 |
| SKI | Statens Kärnkraftindpektion（スウェーデンの原子力発電検査庁） | 7.1.2 |
| SOW | System Outage Window（系統待機除外ウィンドウ） | 7.2.5 |
| SR | Surveillance Requirements（運転上の制限の確認の実施方法及び頻度） | 2.1.4 |
| SSC | Structure, System and Component（構造物、系統、コンポーネント） | 7.2.7 |
| STP | South Texas Project 発電所 | 7.2.3 |
| STUK | Säteilyturvakeskus（放射線原子力安全局） | 7.1.2 |
| TUV | Technischer Ueberwachungs-Verein（技術検査協会） | 7.2.12 |
| 期待シナリオ | 補償措置として利用される設備を期待している他のシナリオ | 4 |
| セーフティ機能 | 原子炉格納容器の破損を防止するための機能 | 1 |
| セキュリティ機能 | 原子炉建屋への故意による大型航空機の衝突その他のテロリズムに対する機能 | 1 |
| 想定シナリオ | OLM 実施中のリスク増大要因となりうる事故の想定シナリオ | 4.2 |
| 定検 | 定期点検 | 2.3.2 |
| 特重施設 | 特定重大事故等対処施設 | 1 |
| 要求される措置 | LCO を満足しない場合に要求される措置 | 2.1.4 |
| 設置許可基準規則 | 実用発電用原子炉及びその附属施設の位置、構造及び設備の基準に関する規則 | 2.1.3 |
| 補償措置 | 待機除外によるリスクを低減するための措置 | 1 |

## 日本機械学会 より高い安全を目指した最適な原子力規制に関する研究会 委員・執筆者リスト

**主査（監修・執筆）**

**岡本 孝司**
東京大学

**執筆者・委員 松澤 寛**
三菱重工業

**委員 早川 毅**
三菱重工業

**執筆者・委員 石橋 文彦**
東芝エネルギーシステムズ

**委員 高島 賢二**
新潟工科大学

**副主査（監修・執筆）**

**奈良林 直**
東京工業大学

**執筆者・委員 西 優弥**
東芝エネルギーシステムズ

**委員 根井 寿規**
政策研究大学院大学

**執筆者 笠毛 誉士**
九州電力

**執筆者・委員 村瀬 昭**
東芝エネルギーシステムズ

**委員 西田 直樹**
関西電力

**執筆者 齋藤 寿輝**
東京電力ホールディングス

**執筆者・委員 峯村 武宏**
東芝エネルギーシステムズ

**委員 山下 理道**
東京電力ホールディングス

**執筆者 境 隆介**
東京電力ホールディングス

**副主査 伊阪 啓**
関西電力

**委員 波木井 順一**
東京電力ホールディングス

**執筆者 尾山 泰史**
北海道電力

**委員 小川 雪郎**
日立GEニュークリア・エナジー

**委員 小林 邦浩**
東北電力

**執筆者 中間 昌平**
日本原子力発電

**委員 滝井 太一**
日立GEニュークリア・エナジー

**委員 清水 清吾**
東北電力

**原子力発電所のオンラインメンテナンスとリスク管理**

| | | |
|---|---|---|
| | 2024 年 1 月 28 日 | 初版　第 1 刷発行 |

著　　者　日本機械学会 編
　　　　　より高い安全を目指した最適な原子力規制に関する研究会 著
発 行 人　長田　　高
発 行 所　株式会社 ERC 出版
　　　　　〒 107-0052　東京都港区赤坂 2 丁目 9-5　松屋ビル 5F
　　　　　電話　03-6230-9273　　　振替　00110-7-553669
印刷製本　芝サン陽印刷株式会社　　　東京都江東区佐賀 1 -18-10

ISBN978-4-900622-74-6　© 2024 The Japan Society of Mechanical Engineers　Printed in Japan
落丁・乱丁本はお取り替えいたします。